人生没有奇迹，只有轨迹

高轶飞 ◎ 编著

每一个奇迹，都是人生轨迹的累积。

RENSHENG
MEIYOUQIJI
ZHIYOU
GUIJI

中国华侨出版社

图书在版编目（CIP）数据

人生没有奇迹，只有轨迹/高轶飞编著. —北京：中国华侨出版社，2015.4

ISBN 978-7-5113-5357-3

Ⅰ. ①人… Ⅱ. ①高… Ⅲ. ①人生哲学－通俗读物 Ⅳ. ①B821-49

中国版本图书馆CIP数据核字（2015）第072092号

● 人生没有奇迹，只有轨迹

编　　著/高轶飞
责任编辑/文　蕾
封面设计/纸衣裳書裝·孙希前
经　　销/新华书店
开　　本/710毫米×1000毫米　1/16　印张16　字数223千字
印　　刷/北京一鑫印务有限责任公司
版　　次/2015年5月第1版　2019年8月第2次印刷
书　　号/ISBN 978-7-5113-5357-3
定　　价/32.80元

中国华侨出版社　北京朝阳区静安里26号通成达大厦3层　邮编100028
法律顾问：陈鹰律师事务所
编辑部：（010）64443056　　64443979
发行部：（010）64443051　　传真：64439708
网　　址：www.oveaschin.com
e-mail：oveaschin@sina.com

前 言

　　人都是赤条条地来到这个世界上，一无所有，但是，每个人走的路不同，人生轨迹也就不同，于是生命千姿百态，各有千秋。

　　当我们还是小孩子的时候，这个世界对于我们来说是未知的，我们接受了父母的启蒙教育以及学校的教育，我们开始对世界有了自己的认知，随着我们学业的加深，我们知道了更多。然而，当我们步入社会参加工作以后，当我们面临更宽领域的更高要求时，我们似乎又变成了当初的那个小孩，一切新的事物又让我们回到了"不知状态"。我们需要重新去接受理论、实践以及挫折，我们需要在摸索中进一步去了解人生的道理。这种新的认知，将决定我们生命终结那一刻画圆画得是否圆满。

　　其实，每个人都曾有过这样的感受：在刚刚踏出校门的那一刻，心里是非常迷茫的，目标也可能会摇摆不定。只有在新的征程上留下一段人生轨迹以后，才会真正了解目标的重要，才会清楚怎样去规划人生的走向。当然，人生总是会出现一个又一个选择，随着欲望、见识、环境的改变，目标也需要不断进行调整。但归根结底，你不能让自己的人生不切实际，超越人生的生活半径，偏离人生的运行轨迹，那无异于是以身犯险、玩火自焚，走出的也将是畸形的轨迹。

　　圆满的人生轨迹应该以智慧为圆心，以努力为半径。尊重自己，尊重别人，开拓自己的人生，放飞自由的心灵，做好自己想做的事、该做的事。当然，这个轨迹上可能有不寻常的坎坷，可能遭遇挫折，但我们要学会用智慧去阅历、解读人生，化解与圆满相割、相切、相交的线段，最终走出美丽的人生大圆儿。

　　做到这些，生活就明亮了。而我们现在要做的，就是在没有拥有的时候，为未来做一些计划。有些事情，积累到了，年龄资历到了，就水到渠成了。

目 录

第一章 塑造形象：
好形象是走向成功的潜在资本

第一印象，在心理学上叫首因效应。过去说它会在 7～8 秒内形成，并影响 7 年之久。现在，心理学界的探讨显示，它好像会在 0.38 秒内形成。无论学术结论如何，在这个快节奏的时代里，如果你不注意自己的形象，给人留下不好的印象，电光火石间你就有被人取代的命运。

良好的形象是走向更高阶梯的扶手 …………………… 2
相貌影响形象，但并不决定形象 …………………… 4
塑造干净健康的形象要从细节做起 …………………… 7
举止关乎修养，无礼让人厌恶 …………………… 10
微笑是最美丽的音符 …………………… 13
良好的修养可以作为财富 …………………… 16
从心底里尊重别人 …………………… 20

第二章　名誉建立：
无瑕的名誉是世上最纯粹的珍珠

　　每个人都要珍惜自己的名誉。这是一个人能够在社会中，体现自己价值的重要方面。拥有好的名誉，不仅可以提升自己的威信，而且还可以抬高自己的形象；不仅可以让自己受到尊敬和欢迎，而且还能得到别人的信任和重托。名誉是如此重要，所以我们必须精心呵护它，要像莎士比亚所说的那样，每一个人都重视自己的生命，但是勇者珍惜名誉甚于生命。

千丢万丢，信誉莫丢 …………………………………………… 24
成功的含义是优秀 ……………………………………………… 26
用善意的心灵与世界对话 ……………………………………… 29
用诚信打造人生品牌 …………………………………………… 32
以真诚昭示天下 ………………………………………………… 35
不义之财，分文莫取 …………………………………………… 37
真心悔改，可以洗刷名誉上的污点 …………………………… 41

第三章　性格优化：
别让性格的缺陷酿成人生的悲剧

　　好性格是幸福人生的基石，一个人拥有较多的良好性格特质，也就等于抓住了成功与幸福的入场券，因为良好的性格会潜移默化地改变人生中的各个层面，进而改变整个人生。当然，每个人的性

目录 Contents

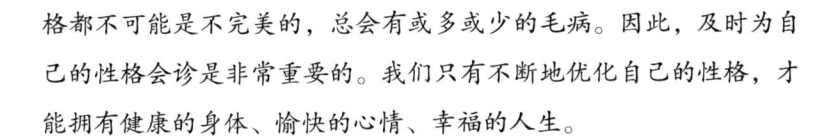

格都不可能是不完美的，总会有或多或少的毛病。因此，及时为自己的性格会诊是非常重要的。我们只有不断地优化自己的性格，才能拥有健康的身体、愉快的心情、幸福的人生。

良好的性格是成就事业的基石 ······ 46
什么样的性格才是健全的性格 ····· 48
自私性格：损人又不利己 ····· 51
虚荣性格：一种被扭曲的自尊 ····· 54
忌妒性格：所有美好的东西都将成为它的陪葬品 ····· 58
多疑性格：迫使别人远离你 ····· 61
冲动性格：头脑一热就犯了大错 ····· 64
独尊性格：即使才华满腹也不受人欢迎 ····· 66
懦弱性格：没有志气的可怜虫 ····· 69

第四章　习惯纠正：
坏习惯不注意，大麻烦来找你

　　成功的人通常都保有失败者不喜欢的习惯。因为他们乐意做自己并不十分乐意做的事情，以获得成功的果实。然而失败者却只是乐意做自己喜欢的事情，最后只能接受令人不甚满意的结果。成功与失败的最大区别来自不同的习惯，习惯好，它会帮助我们轻松地获得人生快乐与成功；习惯不好，它会使我们的一切努力都变得很费劲，甚至能毁掉我们的一生。

习惯好才是真的好 ····· 74
习惯依赖，你的双腿就会退化 ····· 77

习惯懒惰，是对生命的浪费 ………………………………… 79
习惯推诿，你会被视作没有担当的懦夫 ………………… 81
习惯犹豫，只能为人生增添遗憾 ………………………… 84
习惯炫耀，你会为自己的虚荣埋单 ……………………… 87
习惯妄言，你的诚信会碎一地 …………………………… 90
习惯指责，没有人会愿意接近你 ………………………… 92

第五章　时间运用：
懂得运用时间，可以丰富有限的生命

　　我们不知道时间从哪里开始，到哪里结束。时间是无限的，但对人来说是有限的，而偏偏它又是最最容易被人们忽视浪费的东西。时间运用好了，哪怕一秒钟也会产生不可估量的价值，但不去利用它，再多的时间也是一文不值。那些浪费时间的人，毫无疑问就是在缩短生命。虚度一寸光阴就是缩短一寸生命，而我们珍惜时间，就是在丰富有限的生命。

成功，从管理时间开始 …………………………………… 96
你的时间被谁偷走 ………………………………………… 98
茫然四顾，时光荒度 ……………………………………… 101
竞争时代，快人一步两重天 ……………………………… 103
巧妙运用，让时间更有价值 ……………………………… 107
零碎时间也是一笔不小的财富 …………………………… 109
时间管理的"四象限"法则 ……………………………… 111

第六章　生活判断：选择正确很重要

人生就是充满了选择题的题库，在这个题库中，选择题是最常见的题型，并且在这个题库中，不存在多选题，你没有选择多个答案的权限。因此，如果你想要做对这些选择题，就要学会一些基本的技巧，领悟一些关于做选择方面的手法，就如同雕刻一尊石像一样，你要学会基本的雕刻手法，才能够雕刻出栩栩如生的图案，人生的选择也是一样，只有学会了"单选题"的技巧和手法，你才能选择正确前进的道路。当然，每个人和每个人的"选择题"内容是不一样的，所以这就要每个人学着做好自己人生的每一道"选择题"。

我们不能选择环境，但选择自己的做法…………………116
什么样的选择决定什么样的生活…………………………119
选择"成功"还是选择"保障"……………………………121
"不想有钱"意味着选择贫穷………………………………125
拣选机遇，顺势而为………………………………………128
有时放弃才是正确的选择…………………………………130
做好工作中的选择题………………………………………134

第七章　友情培养：
勿让自己搁浅在无人问津的孤岛

　　没有人可以独自面对人生，更没有人可以独自取得成功。人与人之间的交往是一种情感需要，更是一种生存需要。每个人的一生中，都需要很多朋友，更需要几个志同道合的挚友，他们是我们的人生寄托，更会对我们的事业产生极大的帮助。一个人，如果不懂得与他人建立良性的人脉互动，那么他最终的结局往往是失败。很多人之所以一辈子碌碌无为，就是因为他们活了一辈子也没弄明白如何去与别人打交道，如何获取优质的人脉资源，为自己的事业和生活赢得最大的支持。

想要结交朋友，要先学会关爱朋友……………………138
做一个快乐的糊涂虫……………………………………140
随时随地表现出你的随和………………………………143
豁达待人，敌人也能成为朋友…………………………145
好处要能与人分享………………………………………148

第八章　思维拓展：
想别人所未想，才能胜人一筹

　　随着时代的转变，我们的思想也应该有所转变，你一定看过穿越题材的电视剧或者是小说，如果你要一个唐朝的人活在现代，那么许多事对于他们真是难以想象，在他们的眼里，或许我们经常看

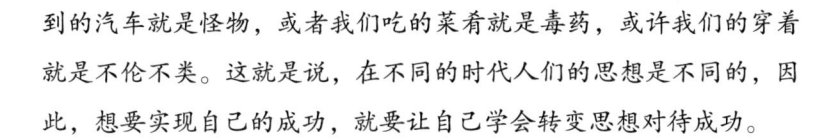

到的汽车就是怪物，或者我们吃的菜肴就是毒药，或许我们的穿着就是不伦不类。这就是说，在不同的时代人们的思想是不同的，因此，想要实现自己的成功，就要让自己学会转变思想对待成功。

你的思想转变得越快，你的成功就越快 …………………… 152
正确的做事方法会令你事半功倍 …………………………… 155
肯动脑，"不可能"也能成为"可能" ……………………… 157
培养你的创造力 ……………………………………………… 159
敏于生疑，敢于质疑 ………………………………………… 162
换个角度看问题，你或许就会看到成功 …………………… 165
灵机一动，腐朽也能成为神奇 ……………………………… 167

第九章　机遇拦截：抓住先机，才能超人一步

一个"先"字会使一切变得主动。当一个机会出现，5%的人知道赶紧做，这就是先机！当有50%人都知道时，这个机会就不值钱了；当超过50%的人都去做时，这就不能称之为机会了。慢人一步，机会你将不再拥有！收益和财富已然属于他人。人生路上，抢得先机，才能超人一步。我们做任何事都要早谋划、早布置。要有"快人一拍"的时机意识和早做准备的精神。

机会处处都有，就看你够不够聪明 …………………………… 172
没有做好准备，很难得到机遇的青睐 ………………………… 174
该出手时就出手，风风火火闯九州 …………………………… 177
过度谨慎，最容易失去成功的机会 …………………………… 180
我们需要冒险，但也不要盲目冒险 …………………………… 184

关注信息，会为我们开启一扇机会之门……………………188
不要错过每一个转变的机会…………………………………190
做对了，危机就是转机………………………………………194

第十章　职业修炼：提升竞争优势，才能更进一步

"职场"是个人价值实现、成就展现的一个重要平台。由于其特殊的人生影响意义，在竞争激烈的这个时代，成为尤为引人关注的竞技场。每个职场人都向往成为行业的佼佼者，每个人都希望自己能够成为职场上的赢家，那么要达到这个目标，最重要的显然就是提升自己的核心竞争力，使自己成为公司需要的人才，能够做到这一点，你事业的延伸轨迹自然清晰可见。

选择好自己的职业………………………………………………200
你要看到比薪水更高的目标……………………………………203
把工作看成是一种乐趣…………………………………………205
培养自己对工作尽职尽责的态度………………………………208
学着将自己的优势转化成价值…………………………………210
打造你的不可替代性……………………………………………213
增强你的重要性…………………………………………………215
做好小事，才能成就大业………………………………………217

第十一章　个性保留：
你的人生不必追随别人的轨迹

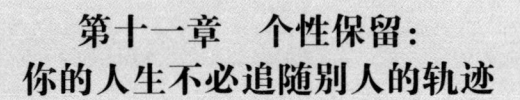

有多少人曾想过改变自己，以追逐想要的一切，到头来才发现，自己做了一个邯郸学步的寿陵少年，不仅没有得到自己想要的，还丢了自己最初拥有的。那么，当初为什么就不能尊重自己的本性，做那个最真的自己？要知道，你的人生不必追随别人的轨迹。

活在真实的世界里 ……………………………………… 222
不做别人意见的傀儡 …………………………………… 224
别活在别人的价值观里 ………………………………… 227
何必一味讨好别人 ……………………………………… 230
勿让别人的话，打乱你的心 …………………………… 233
不要盲目地随波逐流 …………………………………… 238

第一章　塑造形象：
好形象是走向成功的潜在资本

第一印象，在心理学上叫首因效应。过去说它会在 7～8 秒内形成，并影响 7 年之久。现在，心理学界的探讨显示，它好像会在 0.38 秒内形成。无论学术结论如何，在这个快节奏的时代里，如果你不注意自己的形象，给人留下不好的印象，电光火石间你就有被人取代的命运。

良好的形象是走向更高阶梯的扶手

我们的形象决定了别人对我们的第一印象，早在 20 世纪 70 年代美国洛杉矶大学心理学教授马瑞比恩博士就得出结论，两个人相互之间给对方留下的印象：55% 取决于外表，38% 取决于声音，只有 7% 取决于当时说话的内容和背景。形象就是人的一张名片，形象不好，我们或许就会一次次与机遇擦肩而过。事实上，所有魅力无限的大企业家、行业领袖及政治家等，其言行举止都是经过专门塑造的。

一个对形象注意的人，往往会在人群中得到信任，更能在逆境中获得帮助，也必定能够在人生中不断找到成功的机会。因为，他们在用自己的形象、魅力影响着别人，最终成就了真正精彩的人生。

良好的形象是走向人生更高阶梯的扶手，是进入成功神圣殿堂的敲门砖，保持良好的自我形象既是尊重自己，更是尊重别人。良好的形象是成功人生的潜在资本。好形象对自己而言，可以增强自信，并通过美丽的外表及美丽的行为来塑造自己美丽的内心。对他人而言，能够较容易地赢得他人的信任和好感，同时吸引他人的帮助和支持，从而会促进自己事业的成功，使自己的人生顺达。所以，在西方一直流传这样一句名言——"你可以先将自己打扮成那个样子，直到自己成为那个样子"。使自己的形象看起来更合时宜，这有助于我们打开事业的大门，让我们在人群中脱颖而出。例如，在选举时，若是你"像个领导"，人们因此会更愿

第一章　塑造形象：好形象是走向成功的潜在资本

意投你一票；晋升时，若是你"像个主管"，你更容易得到老板及同事的认可；当然，在推销活动中，若是你更"像个成功的推销员"，客户就会更愿意相信你的公司，也愿意与你洽谈生意。

　　法国一位形象设计专家对法国财富排行榜前200位中的100人进行过调查，调查的结果是，95%的人认为，如果一个人具有非常有魅力的外表，那么他在公司里会有很多升迁的机会；90%的人认为，他们不会挑选不懂得穿着的人做自己的秘书；97%的人认为，他们会因为求职者在面试时的穿着不得体而不予录用。

　　现实中我们也有很多这样的例子，比如同是去参加某一酒会，有的人因为得体的穿着和良好的气质，会得到很好的招待，而有的人则会因为衣着邋遢、不修边幅、举止粗鲁，令人唯恐避之不及。所以你要成功，你就要从你的形象开始。

　　艾斯蒂·劳达现在被称为"化妆品王后"，身价高达数十亿美元。此外，她耀眼的形象、无可阻挡的魅力、高贵典雅的气质、不俗的谈吐，更是令人倾慕不已。不过，她年轻时也曾因为形象问题而遭人白眼。

　　艾斯蒂·劳达的教育程度不高，起点也很低，主要是为叔叔研制的化妆品做推销工作。为此，她必须顶风冒雨走街串巷，其中艰辛自不必说，但劳达从未抱怨过。在经过一段时间的历练以后，她积累了一定的人生经验。于是，她建议叔叔研制一些高档化妆品，并开始向上流社会进行推销。不过，这一措施并没有得到良好收益，劳达很想弄清个中缘由。

　　于是，在被一名贵妇拒绝以后，她鼓起勇气问道："我很想知道，您为什么要拒绝我的产品呢？是因为我的推销技巧很差吗？"

　　对方开诚布公但略显尖酸地回答："这与推销技巧无关，而是你的问题。你必须承认，你给人感觉就是档次很低，这又如何

让我相信你的产品呢？"

劳达顿有一种受辱之感，但她知道，自己已经找到了问题的根源——即产品档次的高低，取决于推销人的档次。

她狠下心要对自己进行改变。于是，她开始刻意模仿名流女性，效仿她们的穿着打扮以及言谈举止。不仅如此，她又意识到，塑造不能仅限于外表，而应更加注重塑造内在美。基于此，劳达有意识地培养自己的自信心，同时也非常注重知识的丰富与提高。

一段时间过后，劳达摇身一变，成了一名内涵丰富、举止优雅的迷人女性。她开始走进上流社会，向名媛贵妇们推销自己的产品，并获得了前所未有的成功。

当然，我们要认识到，形象并不单单是指穿衣、外表、长相、发型、化妆等，它是一个综合概念，是一个人外在魅力与内在魅力的整体体现；形象并不局限于漂亮的脸蛋儿、傲人的身材、醉人的微笑，更包括人生思想、追求抱负、价值观、人生观等。从某种意义上说，塑造形象就是与社会进行沟通，并为社会所接受的一种方式。

相貌影响形象，但并不决定形象

古时候有这样一个故事：

阳朱到宋国，投宿在一家客栈里，店主人热情地接待阳朱，

第一章 塑造形象：好形象是走向成功的潜在资本

并向他介绍自己的家人。阳朱发现主人有两位小妾，一位长得亭亭玉立，楚楚动人，而另一位却相貌丑陋。偏偏令人不理解的是，店主宠爱丑陋的而轻贱漂亮的。

阳朱怀着好奇心想打听个究竟，便询问缘由。

店主说："那个漂亮的自恃美貌却轻视他人，傲气得不得了，我越看她，越觉得丑；这位看似丑陋的心地善良，待人谦和，知书达理，令我越看越觉漂亮，我一点也不认为她不漂亮。"说到这里，正好漂亮的那位小妾昂首挺胸地走了过来。店主人连看都不看她一眼，对阳朱说道："瞧这德性，这模样，实在叫人生厌，她哪里知道什么叫美、什么为丑！"

阳朱在店主人的一番启发下，很受教育。他认识到，外形固然很重要，品行却是更重要的标准。一个人若貌美再加上品格高尚，那就一定会受到人们的爱戴，若相貌不理想而心灵美，也会获得尊重。

美与丑从来都有两条标准：追求外在美，是表面的、肤浅的；崇尚内在美，是本质的、富有内涵的。形象的塑造，未必要有令人骄傲的容貌，也不一定非要一身名牌，但有一点必不可少，那就是你的内涵——你的品位与修养。

日本有一部电影叫《川流不息》，一个极力歌颂真、善、美的简单故事，但其真挚的情意又不能不深深地打动你：少女时代就离开故乡的女作家，60岁患癌症时返回了故乡，她拒绝手术，因为那样就得躺在床上不能行动了，而不动手术就只能活3个月。而她选择了这3个月，为的是去实现返回故乡、与初恋情人和旧时好友团聚的心愿。

这位女作家虽然不再年轻，但依然很漂亮，这种漂亮缘于她

一生无悔地追求所造就的优雅气质和对生活的品位以及认知。女作家是真正的外柔内刚,她追求美丽,但也不惧怕死亡,甚至把死也当成婚礼一样的盛典:化好妆,身着华丽的和服,端坐在椅子上对着摄像机,诉说着自己最后的人生感悟,并深情地唱起了一首歌……这首歌感动得所有的人都流泪。你觉得她会衰老吗?她会死,但不会老。或者是即使老了也依然是美丽的。因为这就是一个人的优雅,一个人的品位,不因容貌的消逝而减少,反而会因此而让品位添色。

相反,美国作家杰克·伦敦笔下曾出现过这样一个美女:

那是一位风姿绰约、仪态万千的贵族女士,她从游轮的甲板上走过,所有的男士都会为她所倾倒,争相向她致意,大献殷勤。

当时,游轮尚未起航,一群绅士与淑女闲着无聊,便与几个男孩做游戏。他们将一枚金币抛向海面,紧接着男孩子们便会跳下去,谁能捞到,金币就归谁所有。这其中有一个男孩尤其引人注目,作者形容他就像一个发亮的水泡,他的灵活和矫健赢得人们一致赞叹。

忽然间,海面上出现了鲨鱼,众绅士、淑女连忙住手,而那位美女却从身边的绅士手中要过金币,忘乎所以地抛向海中。几乎同时,那个漂亮、矫健的少年鱼跃而下,随即便被海中的鲨鱼咬成了两段。

众人目瞪口呆,继而纷纷离去,没有人愿意再多看那位美女一眼……

可以想象,在平日里,这位贵族出身的美女必然是以一身高贵的气质、雅致的装扮，任谁能不为她所吸引呢？可是，她的做法却折射出灵魂的粗俗与肮脏，这样的人又何谈品位与修养？即便风华绝代，又有谁愿意再多看她一眼呢？

由此可见，相貌并不是一个人的绝对优势，品位与修养仍然是一个人最值得引以为傲的资本。一个人的品位会体现他的风度与优雅，这种优雅不分阶层、贫富、贵贱，它是一种处乱不惊、以不变应万变的心态，也可说是一种历练。

想要成为一个有内涵、有品位的人，我们就要从现在开始塑造自己，去读书、去学习、去发现、去创造，它能让你获得丰富的感受和激情，你要学会爱自己、赞美自己，善待自己也善待他人。让生活充满了无穷的意义，你会因此更加有风度和气质，你的形象也会提升到一个新的档次。

塑造干净健康的形象要从细节做起

有的人不注意个人卫生，在社交场合里显得脏里脏气的，让人避之不及，又如何谈得上形象呢？注意个人卫生，塑造干净健康的形象要从细节做起。

1. 脸的清洁。

首先要清楚自己的皮肤属于哪种类型，油性皮肤可以使用香皂（青年男性的皮肤多属于油性皮肤），中、干性皮肤应该选用洗面奶。

一般早晚洗两次脸即可，油性皮肤者为了保持皮肤的清爽干净，应该加洗一两次，正确的洗脸方法有助于保持皮肤的弹性，推迟皱纹的产生。

正确的洗脸方法是这样的：

（1）用温水湿润面部。

（2）把适量的洗面奶（或香皂）涂于手指上，揉开，用手指从下颌打圈抹向耳下，反复三至五次；双手手指从下巴打圈经过面颊至耳垂处，再从嘴角打圈至耳门，从鼻翼打圈至太阳穴，如此反复三至五次；用双手中指、无名指从人中抹至嘴角至唇下，再抹回人中反复三至五次；用双手中指沿鼻尖两旁向外打圈数次；双手指沿鼻旁抹至上额，再打圈分至太阳穴，轻轻按下，反复三至五次；用手指轻轻从内眼角抹至外眼角，再从眼下抹至鼻侧，反复三至五次。

（3）用温水把洗面奶（香皂）冲洗干净。

（4）把毛巾浸水后拧干，轻按面部，吸去水分。

（5）涂护肤用品。

这样洗脸不但对皮肤有较好的清洁作用，还等于对皮肤进行了一次按摩，促进面部血液循环，使皮肤保持弹性。但注意用力一定要适度，速度适中，否则会对皮肤起到不好的作用。

2. 口腔的卫生。

在工作、应酬场合，口中有异味会让人十分尴尬。口中的异味有的是由于身体内部的疾病（如胃病）带来的，有的则是因为口腔不清洁或吃了葱、蒜等食品而致。不管出于什么原因，以下几条都是应该坚持做的：

（1）早晚刷牙，饭后漱口。刷牙时，要沿着牙缝上下刷，不要横着刷。要把牙齿的各面都刷到，刷3分钟，这样才能把牙齿中残留的食物渣子较彻底地清除掉，抑制细菌的生长，保护牙齿及口腔，除去口中的异味。

（2）吸烟的人应经常用淡茶水漱口，或在办公室里放上一瓶爽口液，必要时用一用，也有较好的效果。当然最有效的解决办法只有一种，就是戒烟。

（3）工作之前或应酬活动之前，都不要吃葱、蒜、韭菜等带有强烈气味的食物，以免引起别人的反感。当然嚼一点茶叶、口香糖，或用爽口液漱口都能去掉一些味道，但最好还是不吃。

（4）由于不注意口腔卫生或内脏有病而引起口臭。怎样才能知道自己有没有口臭的毛病呢？你可以这样做：把手罩在口鼻上，手指并拢，呼出一口气，马上闻一闻，就会知道了。你如果有这种毛病，一方面要积极治疗，采取措施；另一方面，和别人谈话时要保持距离，不要凑到别人身边去说。如果必须在人耳边低声交谈，那就只好请你用手遮挡一下嘴巴了。如果你嚼口香糖以避口中的异味，注意不要边嚼边跟人说话，那是不礼貌的。

3. 鼻子的卫生。

鼻臭也是令人讨厌的问题。它是由鼻炎等鼻部疾病引起的。应当积极治疗，用生理盐水经常清洗鼻子也有抑制臭味的作用。

有的男士鼻毛较长，伸出鼻孔，为了卫生也为了美观，应该经常用小剪刀把鼻毛剪短，千万别用手去拔，否则容易引起感染，更不应该当着别人的面去拔鼻毛。

鼻子要保持清洁，不要当着别人面去挖鼻孔。如果因感冒而流涕不断，最好就不要参加应酬活动，特别是外事活动，不要把病菌传给别人，这也是出于一种道德上的考虑。

4. 头发的清洁。

现在商店里有数不清的洗发用品，你可以根据自己的发质去挑选。有头皮屑的人应该用去头皮屑的洗发水。肩膀上老沾着星星点点的头皮屑，会让人觉得你很脏。

企业的员工，不应留长发，不管什么发型，都要梳理整齐。

5. 胡须的养护。

有的人喜欢留胡须，只要不因此妨碍工作，也就不必管它。其实我们的祖先就有蓄须的爱好，三国时期刘备手下的大将关羽就是个美髯公。但是，如果今天的年轻人留着一把长胡子就让人觉得跟整个时代有点不协调。不过既已留了胡子，就应该时时照看它，保持其清洁整齐才好。

6. 手的卫生。

我们日常工作、学习都离不开手，手是频繁使用且最易引人注意的部位之一，因此要特别注意保持其清洁美观。

手要勤洗，为了保护皮肤，最好不用碱性太强的肥皂。指甲缝是最易藏垢纳污的地方，用软毛小刷子能很容易地把指甲缝清洗干净。此外，最好不留长指甲。

举止关乎修养，无礼让人厌恶

关于形象塑造，很重要的一点就是要注意自己的行为举止。务必要做到举止高雅、落落大方，遵守一般的进退礼节，尽量避免各种不礼貌或不文明的习惯。这很重要，因为人们不会接受一个举止粗俗无礼的人，即使他长得再好看。

行为举止是一种无声的语言，是一个人性格、修养的外在体现，它会直接影响别人对我们的观感和评价，因此，我们一定要做到举止高雅，坐、立、行、走都要大方得体。

首先，来说坐相。一些人在人前总是坐立不安，晃来晃去，结果给人留下了极不好的印象，他们的社交活动往往也以失败告终。那么怎样才算"坐有坐相"呢？我们到别人家中拜访，不要太随便地坐下，而且在主人尚未坐定之前，我们不要先坐下，坐姿要端正，身体微往前倾，千万不可跷起"二郎腿"。因为这样会让人觉得你不够礼貌。大体上说，我们在就座时需要注意以下事项，避免引起别人的反感：

入座轻柔和缓，至少要坐满椅子的 2/3，轻靠椅背，身体稍前倾，以表示对人的尊敬，千万不可猛起猛坐，以免碰得桌椅乱响，或带翻桌上的茶具和物品，令人尴尬。

坐下后，不要频繁转换姿势，也不要东张西望，上身要自然挺立，不东倒西歪。如果你一坐下来就像摊泥一样地靠在椅背上或忸怩作态，都会令人反感；两腿不要分得过开，两脚应平落在地上，而不应高高地跷起来摇晃或抖动。

与人交谈时，勿以双臂交叉放于胸前且身体后仰，因为这样可能会给人一种漫不经心的感觉。

总的说来，男士的坐姿要端正，女士的坐姿要优雅。

其次，再说说站姿。有一位推销员几乎已经成功地说服了他的客户，可是当他们站到办公室的吧台前谈具体事宜时，他的站姿却坏了事：他歪歪斜斜地站在那里，一只脚还不停地点地，好像打拍子一样。这位客户觉得推销员是在表示不耐烦和催促，于是，他就用"下一次再说吧"把这位推销员打发走了。推销员的不雅站姿，使得本该成功的交易一下子凝固了下来，这就是举止无礼的后果。

人必须"站有站相"，因为良好的站姿能衬托出高雅的风度和庄重的气质。正确站姿的基本要点是挺直、稳重和灵活。站姿的禁忌是：一忌两腿交叉站立，因为它给人以不严肃、不稳重的感觉；二忌双手或单手叉腰，因为它给人以大大咧咧、傲慢无礼的感觉，在异性面前则有挑逗之嫌；三忌双手反背于背后，给人以傲慢的感觉；四忌双手插入衣袋或裤袋中，显得拘谨、小气；五忌弯腰驼背、左摇右晃、撅起臀部等不雅的站姿，给人懒惰、轻薄、不健康的印象；六忌身体倚门、靠墙、靠柱，给人以懒散的感受；七忌身体抖动或晃动，会给人留下漫不经心、轻浮或没有教养的印象。

再次，走路姿势对我们来说也同样重要，因为潇洒优美的走路姿势不仅能显示出人的动态美，也能体现出一个人自信乐观的精神状态。人们常说"行如风"，这里并不是指走路飞快，如一阵风刮过，而是指走路时要轻快而飘逸。具体要求是：

走路时要抬头挺胸，步履轻盈，目光前视，步幅适中；

双手和身体随节律自然摆动，切忌驼背、低头、扭腰、扭肩；

多人一起行走时，应避免排成横队、勾肩搭背、边走边大声说笑；

男性不应在行走时抽烟，女性不应在行走时吃零食。养成走路时注意自己风度、形象的习惯。

除了注意坐、立、行、走的姿势外，我们还要特别注意的是，千万不要在人前做出一些不雅举动，这些不雅举动会使你的形象大打折扣。

在一个不吸烟的人面前吸烟是一种很失礼的行为，这样做不仅会令对方感到不舒服，还会令他对你"敬而远之"。

无论男女，搔痒动作都非常不雅，如果你当众搔痒，会令人产生不好的联想，诸如皮肤病、不爱干净等，让人感觉不舒服。

对着人咳嗽或随地吐痰，也是一种应该杜绝的恶习。我们应该清醒地认识到，随地吐痰是一种破坏环境卫生的不良行为，这种举动本身就意味着你缺少修养。

打哈欠、伸懒腰。这样会让人觉得你精神不佳，或不耐烦，他们因而也会对你失去深入交往的兴趣。

高谈阔论，大声喧哗。这种行为会让人感觉你目中无人。一个毫不顾及旁人感受的人又怎么会值得深入交往呢？

交叉双臂抱在胸前，摇头晃脑的。这样的举止会令人觉得你不拘小节，是个粗心的人。

双脚叉开、前伸，人半躺在椅子上。这样显得非常懒散，而且缺乏教养，对人不尊重，很容易让人产生反感。

总而言之，我们的一举一动、一颦一笑，都在别人的审视之下，因而我们不得不加以注意。

微笑是最美丽的音符

微笑，是人类最基本的动作。微笑，似蓓蕾初绽，洋溢着沁人心脾的芳香。它的力量是巨大的，甚至可以说是神奇的，阳光般的笑容可以感染身边的每一个人，使彼此多云的心情渐渐晴朗，让生疏的彼此日渐亲密。一个人，如果能够时刻保持阳光而自信的微笑，那么除了能给自己带来一份好心情以外，他还会收获更多的赞美和友谊。

年轻的时候，我们只对自己喜欢的人微笑。那时候我们不懂微笑的力量，只是凭着自己的感觉去行动。到了一定的年龄，我们的步伐越来越从容淡定，经历了社会的磨炼，意识到了微笑在社交场合的重要性。当你带着自己阳光般的微笑去与人握手交谈，一种亲切感就会在你们彼此之间油然而生。这种神奇的力量总是能够深深地打动对方，即便是有些时候你们的观点并未一致，也不会因此而大发雷霆。中国有句古话叫作："伸手不打笑脸人。"说的就是这个道理。如果你想拉近与对方的距离，如果你想和对方交朋友，那么请先试着去向他微笑吧，相信他一定能够给你带来神奇的力量，使你毫不费力地达到自己的目的。

杨震是国内一家小有名气的公司的总裁，他还十分年轻，并且几乎具备了成功男人应该具备的那些优点。他有明确的人生目标，有不断克服困难、超越自己和别人的毅力与信心；他大步流星、雷厉风行、办事干脆利索、从不拖沓；他的嗓音深沉圆润，讲话切中要害；而且他总是显得雄心勃勃，富有朝气。他对于生活的认真与投入是有口皆碑的，而且，他对于同事也很真诚，讲求公平对待，与他深交的人都为拥有这样一个好朋友而自豪。

但初次见到他的人却对他少有好感，这令熟知他的人大为吃惊。为什么呢？仔细观察后才发现，原来他几乎没有笑容。

他深沉严峻的脸上永远是炯炯的目光、紧闭的嘴唇和紧咬的牙关。即便在轻松的社交场合也是如此。他在舞池中优美的舞姿几乎令所有的女士动心，但却很少有人同他跳舞。公司的女员工见了他更是如遇虎豹，男员工对他的支持与认同也不是很多。而事实上他只是缺少了一样东西，一样足以致命的东西——一副动人的、微笑的面孔。

微笑是一种宽容、一种接纳，它缩短了彼此的距离，使人与人之间心心相通。喜欢微笑着面对他人的人，往往更容易走入对方的心底。难怪有人说微笑是成功者的先锋。

在生活中，我们最喜欢看到的，就是笑容可掬的脸庞。处于陌生的环境，一个微笑，就能融化所有不安。人际关系有了芥蒂，看到一张微笑的脸，不愉快也就烟消云散了。生活中碰到困难，一个鼓励的微笑，困难窘迫仿佛有了转圜的空间。沮丧的时候，一个理解的微笑，沉到谷底的心会得到温暖的慰藉。许多人的成功，是因为他的魅力、有亲和力。而个性中，最吸引人的，就是那亲和的笑容。行动比语言更具说服力，一个亲切的微笑正告诉别人："我喜欢你，你使我愉快，我真高兴见到你。"

小赵已经结婚8年了，由于长期以来沉重的工作压力，似乎很久没有和妻子交流了。"微笑能带来传奇"，小赵想到了这句话。他决定看看微笑会给他的婚姻带来什么。

回到家他主动和做家务的妻子打招呼，微笑着注视妻子，说："我回来了！你今天还好吧？"妻子惊愕地抬头看着丈夫："你是在问我吗？"她连忙给丈夫端来煮好的咖啡，开始讲可爱乖巧的孩子们的趣事。小赵这才注意到，原来工作以外还有这么多幸福和快乐的事情在发生，而且一切都是因为自己的微笑。

从此，他开始保持自己的微笑，他主动向电梯管理员、大楼门口的警卫、公司的打字员微笑，后来他发现微笑不仅改变了自己的心情，他还从那些人那里得到了许多帮助和方便。

微笑是一种温柔却又强大的东西。有这样一句话——我看到一个人脸上没有微笑，于是我给了他一个微笑。真应该感谢第一个说这句话的人，因为他让每个听到这句话的人都泛起了微笑。

人们常说："有了微笑，人类的感情就有了沟通的可能。"确实，微笑可以缩短人与人之间的距离，化解令人尴尬的僵局，是沟通彼此心灵的渠道，使人产生一种安全感、亲切感、愉快感。

微笑，又是拉近两人距离的最快捷方式。当你向别人微笑时，实际上就是以巧妙、含蓄的方式告诉他，你喜欢他，你尊重他，你愿意和他做朋友。这样，你也就容易博得别人的尊重和喜爱，赢得别人的信任。生活中多一些微笑，也就多了一些安详、融洽、和谐与快乐。

微笑可以将人神化，让人在微笑的魔力中得到升华，一如蒙娜丽莎的微笑，总是给人一种高深莫测、神秘诱人的感觉；微笑是一种接纳，它能缩短人与人之间的距离，让人们友好地接受彼此，共同去创造美好的未来；微笑是美丽留下的一粒种子，谁人播种微笑，谁人就能收获美丽；微笑是一种德馨，它不仅能够彰显美，更能收获美；微笑是成功者的先锋，用微笑打开交际之门，你就会有贵客临门。

微笑是一个简单的表情，但在这简单的表情之下洋溢着一种对人的热情和友好。在别人眼中，一个成熟男人的微笑是最有感染力的。所以用你真诚的微笑去面对身边的每一个人吧，向对方友好地伸出双手，相信你一定能够赢得对方的欣赏，成为他们值得信赖的朋友和伙伴。

良好的修养可以作为财富

良好的修养可以作为财富。对于有修养的人来说，所有的大门都向他们敞开。即使他们身无分文，也随处可以受到人们的热情款待。一个举止得体、谦和友善、助人为乐、颇具绅士风度的人，在人生道路上必定是畅通无阻的。

如果一个人在生活中养成了文明的举止习惯，就等于为自己开启了社交的大门，所有的一切，不费吹灰之力就可以轻而易举地获得，很多人甚至还可能主动找上门来。

巴黎有家名为"廉价商场"的商店，店面很大，里面的员工数以千计，产品也应有尽有。这家商场有两个颇具特色的特点：一个是童叟无欺，不管谁来买，商品都是一个价，且价格都很低；另一个是，他们非常注重自己员工的素质，员工必须尽一切努力做到让顾客满意。凡是其他商店能做到的，他们都必须做到，还要做得更好。这样，他们就给每一个来过"廉价商场"的顾客都留下了美好的印象。因此，这个商店的生意也是蒸蒸日上，最后还成为了全球最大的零售商店之一。

还有一个贫穷的牧师，他的经历也相当奇特。有一次，他在教堂门口看到几个小青年在捉弄两个身着古旧样式衣服的老妇人。他们的嘲笑使老妇人非常窘迫，以致不敢踏进教堂。牧师见后主动带着她们走入里面坐了下来。两个老妇人尽管和这个牧师素不相识，但这之后却把一笔很大的财产留给了他，他的好心得到了好报。

修养本身就是一笔财富。文明的举止足以起到替代金钱的作用，有了它就像有了通行证一样，随处畅通无阻。有修养的人不用付出太多就可以享受到一切，他们在哪里都能让人感到犹如阳光般的温暖，处处受人欢迎。因为他们带来的是光明、是欢乐。一切妒忌、卑劣的心理，遇到他们自然也就会举手投降了，你想，蜜蜂又怎会去蜇一个浑身沾满蜂蜜的人呢？英国政治家柴斯特·菲尔德说："一个人只要自身有修养，不管别人的举止多么不恰当，都不能伤他一根毫毛，他自然就给人一种凛然不可侵犯的尊严，会受到所有人的尊重；而没有教养的人，容易让人生出鄙视的心理。"

说到这里，不禁想起一个故事：

有位男士非常向往绅士风度，于是他来到一座绅士会所，希望能够有所收益。

刚刚进门，一位女侍应生由于走得急，不小心将托盘中的酒洒到了他的礼服上。这位男士眼见自己新做的礼服被弄脏，不禁怒由心生，破口大骂："混蛋！你走路没长眼睛啊！竟然弄脏了我的礼服！真倒霉！"

尽管女侍应生一再道歉，但该男士依旧不依不饶，骂个不停，弄得那女孩子眼泪直在眼眶中打转。这时，会所的女主管走了过来，说道："先生，真对不起，她是刚来的，不懂规矩，我代她给您道歉。"

"道歉？！道歉就能让我的礼服变干净吗？它可足足花了我半个月的工资！"说着，该男士又骂了起来。

片刻之后，女主管问道："先生，请问您来这里是做什么的呢？"

"我是来学绅士风度的，谁知道遇上这么个不长眼睛的，真倒霉！"

"那么，我来教您吧。"女主管说着，走到一位正在谈话的男士身边，故意将酒洒在了对方的礼服上。

"哦，先生对不起，我不是有意的。"

对方连忙起身，对女主管施了一礼，关心地问道："我没有吓到您吧？"

女主管转向骂人的男士："你看，这就是绅士风度！"

那位男士满面羞红，逃也似的走出了会所。

当别人无意冒犯你时，你是会"得理不饶人"，还是会一笑了之？此时此刻，请一定要慎重选择哦！因为这足以体现你的风度。

诚然，装扮得漂亮的确是一件好事，会引来大家的交口称赞。但这种外在美毕竟是比较低层次的美，它不应该妨碍我们去追求真正生活中更高层次的美。一些人，错误地将所有精力、所有时间以及全部收入都放在了衣着上，却大大忽略了内心的修炼，忽略了他人对我们的要求和期望。这种关心外在胜于关心内在的行为往往是很不可取的。

要知道，良好的举止足以弥补一切自然的缺陷。通常，一个人最吸引人们的，不是容貌的魅力，而是举止的优雅。古时候，希腊人认为美貌是上帝的特殊恩宠，但同时，如果一个具有美貌的人没有同样美丽的内在品质，就不值得我们欣赏了。在古希腊人的心目中，外在的美貌其实是某种内在的美好气质的反映，这些气质包括快乐、和善、自足、宽厚和友爱等。政治家米拉波是一个有名的丑男，据说他长相难看，但却没有人不被他的风度所折服。

真正有教养的人应当表里如一。宝石上光之后尽管更亮，但首先它必须是颗宝石。而一个真正懂得做人的智者是举止温文尔雅、谦逊知礼、不会轻易动怒、更不会主动挑衅的人。他从不恶意猜测别人，更不用说自己会去做罪恶的事了。他努力克制欲望，提高自身品位，出言谨慎，尊重他人。他可能会失去一切，但绝不会失掉勇气、乐观、希望、德行和自尊。这样，即使他没有了一切，他仍然是一个富有的人。

从心底里尊重别人

　　每个人都渴望得到别人的尊重，这是人的基本精神需求之一。你尊重他，他对你的印象自不必说。当然，尊重也不是刻意去表现什么，重要的是心理上、行为上的尊重。只追求表面的、直观的所谓"尊重"，充其量也是浅薄的、低级的尊重，从内心深处表达出来的尊重才是真正的尊重。尊重别人可以体现在很多方面，其实又都在一点一滴的小事中。人与人之间只有把握住这一点一滴的小事，相互尊重，才能使生活充满和谐、充满欢笑。

　　有一天，一位商人家里举行晚宴，女佣要工作到很晚，她只好将4岁的儿子带到主人家。她很自卑，怕儿子知道自己是一个佣人，于是把儿子藏在卫生间里，并告诉他，他将在这里享用晚宴。

　　男孩在贫困中长大，从没见过这么豪华的房子，更没有见过卫生间。他不认识抽水马桶，不认识漂亮的大理石洗漱台。他闻着洗涤液和香皂的香气，幸福得不能自拔。他坐在地上，将盘子放在马桶盖上，盯着盘子里的香肠和面包，为自己唱起快乐的歌。

　　晚宴开始的时候，主人想起女佣的儿子。主人看女佣躲闪的目光就猜到了一切。他在房子里静静地寻找，终于，顺着歌声找到了卫生间里的男孩。那时男孩正将一块香肠放进嘴里。

他愣住了，问："你躲在这里干什么？"

"我是来这里参加晚宴的，现在我正在吃晚餐。"

"你知道你是在什么地方吗？"

"我当然知道，这是主人单独为我准备的房间。"

"是你妈妈这样告诉你的吧？"

"是的，其实不用妈妈说，我也知道，晚宴的主人一定会为我准备最好的房间。"男孩指了指盘子里的香肠，"不过，我希望能有个人陪我吃这些东西。"

主人默默走回餐桌前，对所有的客人说："对不起，今天我不能陪你们共进晚餐了，我得陪一位特殊的客人。"然后，他从餐桌上端走了两个盘子。

他来到卫生间的门口，礼貌地敲门。得到男孩的允许后，他推开门，把两个盘子放到马桶盖上。他说："这么好的房间，让我们共进晚餐吧。"

那天他和男孩聊了很多。他让男孩坚信，卫生间是整栋房子里最好的房间。他们在卫生间里吃了很多东西，唱了很多歌。不断有客人敲门进来，他们向主人和男孩问好，他们递给男孩美味的苹果汁和烤成金黄色的美食。他们露出夸张和羡慕的表情，后来他们干脆一起挤到小小的卫生间里，给男孩唱起了歌。每个人都很认真，没有一个人认为这是一场闹剧。

多年后男孩长大了。他有了自己的公司，有了带两个卫生间的房子。他步入上流社会，成为名人。每年他都拿出很大一笔钱救助一些穷人，可是他从不举行捐赠仪式，更不让那些穷人知道他的名字。有朋友问及理由，他说："我始终记得许多年前，有一天，有一位绅士、有很多人，他们小心翼翼地保护了一个4岁男孩的自尊。"

这个故事应该让我们明白尊重对一个人来说是多么重要。有点遗憾的是，现在我们的社会似乎缺少对人的尊重，我们的文化中似乎缺少对人的尊重，特别是对弱者的尊重。

尊重是民主精神的核心，学会尊重是每个人必须具备的素养。如果我们要想别人尊重自己，那么首先就要学会尊重别人。我们在心理上必须牢记"每个人在人格上都是平等的"这一信条，不以位高自居、自傲。只有在"心理"上有尊重别人的想法，才可能做出尊重别人的行动。

第二章　名誉建立：
无瑕的名誉是世上最纯粹的珍珠

　　每个人都要珍惜自己的名誉。这是一个人能够在社会中，体现自己价值的重要方面。拥有好的名誉，不仅可以提升自己的威信，而且还可以抬高自己的形象；不仅可以让自己受到尊敬和欢迎，而且还能得到别人的信任和重托。名誉是如此重要，所以我们必须精心呵护它，要像莎士比亚所说的那样，每一个人都重视自己的生命，但是勇者珍惜名誉甚于生命。

千丢万丢，信誉莫丢

人格是人一生最重要的资本。要知道，糟蹋自己的名誉无异于在拿自己的人格做典当。

一个人凭着自己良好的品性，能让人在心里默认你、认可你、信任你，那么，你就有了一项成功者的资本。这要比获得千万财富更让人自豪。但是，真正懂得获得他人信任的方法的人真是少之又少。多数人都无意中在自己前进的康庄大道上设置了一些障碍，比如有的人态度虚伪，有的人缺乏机智，有的人不善待人接物……这些常常使一些有意和他深交的人感到失望，对他失去信任。

聪明人都会努力培植自己良好的名誉，使人们都愿意与之深交，愿意竭力来帮助自己。

人要获得成功，因素有很多，但有一点不容忽视，那就是信誉。优秀的人在追求成功的道路上，从来不给别人留下不诚实和不守信誉的印象。正如有人比喻的，信誉仿佛是条细线，一旦断了，想接起来，难上加难！

美国堪萨斯城郊的一所高中，一批高二的学生被要求完成一项生物课作业的过程中，其中28个学生从互联网上抄袭了一些现成的内容。

此事被任课的女教师发觉，判定为剽窃。于是，不但这28

名学生的生物课成绩为零分。并且还面临留级的危险。在一些学生及家长的抱怨和反对下，学校领导要求女教师修改那些学生的成绩。这位女教师拒绝校方要求，结果愤然辞职。

这一事件，引起了全社会的广泛关注，成为全市市民关注的焦点。

面对巨大的社会反响，学校不得不在学校体育馆举行公开会议，听取各方面的意见。结果，绝大多数的与会者都支持女教师。

该校近半数的老师表示，如果学校降格满足了少数家长修改成绩的要求，他们也将辞职。

他们认为，教育学生成为一名诚实的公民，远比通过一门生物课程更重要。

被辞退的女教师每天接到十几个支持她或聘请她去工作的电话。一些公司已经传真给学校索要作弊学生的名单，以确保他们的公司今后永不录用这些不诚实的学生。

谁会想到，一些中学生的一次作业抄袭行为所引发的事件，竟在全美国引起轩然大波。

也许有的人会认为美国人是在小题大做，这样想就错了。在这个故事中，我们应该感受到的是"信誉"两个字那沉甸甸的分量。信誉是一个人立足社会的基础；一个民族、一个国家立足于世界之根本。一个人可以失去财富、失去机会、失去事业，但万万不可失去信誉。一个没有信誉的人，在这个世界上将会举步维艰。

成功的含义是优秀

我们很看重成功,但要把成功和财富的关系摆正:有财富可以被视为一种成功,但真正的成功绝不是相对于财富而言。成功的含义是——优秀。

没有优秀做条件,成功也只是虚有其表,有些人虽然一时赚得盆满钵满,但取财不走正路,富贵却不仁慈,这样的人谁会认可他的成功?这样的"成功"也必然不能长久。财富,对于一个人的生活确实有所帮助,在一定程度上,它确实有助于成功的发展,但如果人的素质不好,它又很容易被毁掉。所以,衡量一个人是否成功的基本条件应该是:是否是一个善良的人、丰富的人、高贵的人。一个人,只有具备了善良和高贵的品质,有同情心,有做人的尊严感,才能够真正被大家所认可。

我们来看看富勒的故事,不是约翰·富勒,是米勒德·富勒。

同许多美国人一样,米勒德·富勒一直在为一个梦想奋斗,那就是从零开始,然后积累大量的财富和资产。到30岁时,米勒德·富勒已经挣到了上百万美元,他雄心勃勃,想成为千万富翁,而且他也有这个本事。

但问题也来了:他工作得很辛苦,常感到胸痛,而且他也疏远了妻子和两个孩子。他的财富在不断增加,他的婚姻和家庭却岌岌可危。

第二章　名誉建立：无瑕的名誉是世上最纯粹的珍珠

一天在办公室，米勒德·富勒心脏病突发，而他的妻子在这之前刚刚宣布打算离开他。他开始意识到自己对财富的追求已经耗费了所有他真正珍惜的东西。他打电话给妻子，要求见她一面。当他们见面时，两个人都流下了眼泪。他们决定消除破坏生活的东西：他的生意和财富。他们卖掉了所有的东西，包括公司、房子、游艇，然后把所得捐给了教堂、学校和慈善机构。他的朋友都认为他是疯了，但米勒德·富勒却感觉现在比以往任何时候都更加清醒。

接下来，米勒德·富勒和妻子开始投身于一项伟大的事业：为无家可归的人们修建"人类家园"。他们的想法非常单纯："每个在晚上困乏的人，至少应该有一个简单体面，并且能支付得起的地方用来休息。"美国前总统卡特夫妇也热情地支持他们，穿工装裤来为"人类家园"助力。

米勒德·富勒曾经的目标是拥有1000万美元的财富，而现在，他的目标是1000万人，甚至要为更多的人建设家园。到目前为之，"人类家园"已在全世界建造了六万多套房子，为超过三十万人提供了住房。

一个曾经为财富所困、几乎成为财富奴隶、差点被财富夺走妻子和健康的人，现在，他成了财富的主人。从他放弃物欲转而选择为人类幸福工作的那一刻起，他就进入了世界上最优秀的人的行列。

在当下这个社会中，拥有更多的财富，一直是大多数人的奋斗目标，而财富的多寡，也顺理成章地成了衡量一个人才干和价值的尺度。

其实富者无非在某些时候或某些方面抓住了机遇，成为了富人，然而为富不仁、弃贫爱富就是贫困的另一种表现，而这种表

现让整个社会都厌恶。以贫富论英雄，是一种狭义的贫富观。中国著名的数学家陈景润算是穷到家了，但是谁又能鄙视陈景润呢？还有历代以来的那些清官、廉官，谁又能说他们无能值得鄙视呢？

因此说，任何人都应该摆正自己的位置，每个人都有自己的舞台，只要自己正视这点，我们都将是富有的人。这才是我们对财富所应该持有的态度。

那么在对待财富这个问题上，给大家提一些总结性的建议，希望大家都能做到：以积极的心态追求财富，以平常心态对待财富。

1. 不义之财分文不取。

有些人急功近利，总想着投机取巧发上一笔，结果一个把持不住就走上了歪门邪道，完全成了金钱的奴隶，最终不是众叛亲离，就是身陷囹圄，这样一来，获得再多的金钱又有什么意义？财富对于贪得无厌且又品行不端的人而言，就如同绞索，贪求越多，绞索就勒得越紧。

所以在追求财富的同时，我们一定要记得让心中的警钟长鸣，时刻提醒自己：不义之人坚决不做，不义之财分文不取。

2. 人不堪其忧，也不改其乐。

即便你正正当当地去攫取财富，但也不要把它看得太重。一个人把钱看得太重：没钱时肯定痛苦，因为对富有的生活充满了羡慕和忌妒；有了钱也痛苦，因为害怕失去，也觉得还不够。所以说，只有持超脱的心态才能摆脱金钱的把控，钱多亦可，钱少亦可，"一箪食，一瓢饮，在陋巷，人不堪其忧，也不改其乐。"

3. 奢则不孙，"简"则固。

追求奢侈、复杂的生活，在物质上花太多的时间是划不来的，应当把财富看成是满足基本生活的条件，达到这个要求以后，把它转换成实现人生理想的手段，去满足精神上的理想。一个人在富有以后，还能保持这种心态，可以说人生境界是很高的。

用善意的心灵与世界对话

宽容是一种力量，它使人产生强大的凝聚力和感染力，使别人愿意团结在你的周围；宽容是一缕阳光，能消冰融雪，化干戈为玉帛；宽容是一种福气，以宽厚仁爱之心待人，会获得别人的爱戴和帮助；宽容是一根神奇的魔法棒，它可以改善个体与社会的关系，使世界更和谐……给这世界以宽容，用善意的心灵与世界对话：给寒冷的肩膀以温情的抚摸；给贫穷的心灵以无私的关怀；给身陷泥沼的双手以悔悟的藤条；给迷茫的眼睛以清醒的灯光，这样，你的生活就会多积累一种财富。

宽恕这个世界，不是为了显示你的宽宏大度，而首先是为了你的健康，如果仇恨成了你的生活方式，你就选择了最糟糕的生活状态。近几年，世界医学领域已经兴起一门新学科，叫"宽恕学"。它从养生的角度出发，对宽恕心态与自身健康的联系进行了多方面研究。结果表明，人如果一直处于"不宽恕"状态中，身心就会遭受巨大压力，其中包括苦恼、愤怒、敌意、不满、仇恨和恐惧，以及强烈的自卑、压抑等，这会直接导致我们产生不良生理反应，如血压升高和激素紊乱，从而引起心血管疾病和免疫功能减退，甚至可能会伤害神经功能和记忆力。而宽恕，显然

能让这些压力得到有效的缓解。虽然我们目前还不知道宽恕具体是如何调理身心健康的，但毋庸置疑，它的确会让我们更快乐、更放松。

　　有位朋友，总是愤世嫉俗，由于在学习、生活、工作中遭遇了许多误解和挫折，渐渐地，他养成了以戒备和仇恨的心态看世界的习惯。在压抑郁闷的环境中他度日如年，几乎要崩溃，感觉整个世界都在排斥他。

　　他有一种强烈的发泄欲望。多年来这种念头一直缠绕着他，他想在自己所处的环境发泄，又担心受到更多的伤害，他一直压抑、克制着自己的这种念头，但越是克制越烦恼，他因此寝食不安。

　　有一天，他为了散心，登上了一座景色宜人的大山。他坐在山上，无心欣赏幽雅的风景，想想自己这些年遭遇到的误解、歧视、挫折，他内心的仇恨像开闸的洪水一样，汹涌而出。他大声对着空荡幽深的山谷喊道："我恨你们！我恨你们！我恨你们！"话一出口，山谷里传来同样的回音："我恨你们！我恨你们！我恨你们！"他越听越不是滋味，又提高了喊叫的声音。他骂得越厉害，回音更大更长，扰得他更恼怒。

　　就在他再次大声叫骂后，从身后传来了"我爱你们！我爱你们！我爱你们！"的声音，他扭头一看，只见不远处寺庙里的方丈在冲着他喊。

　　片刻方丈微笑着向他走来，他见方丈面善目慈，便一股脑儿说出了自己所遭遇的一切。

　　听了他的讲述，方丈笑着说："晨钟暮鼓惊醒多少山河名利客，经声佛号唤回无边苦海梦中人。我送你四句话。其一，这世界上没有失败，只有暂时没有成功。其二，改变世界之前，需要改变的是你自己。其三，改变从决定开始，决定在行动之前。其

| 第二章　名誉建立：无瑕的名誉是世上最纯粹的珍珠 |

四，是决心而不是环境在决定你的命运。你不妨先改变自己的习惯，试着用友善的心态去面对周围的一切，你肯定会有意想不到的快乐。"

他半信半疑，表情很复杂。方丈看透了他的心思，接着说："倘若世界是一堵墙壁，那么爱是世界的回音壁。就像刚才，你以什么样的心态说话，它就会以什么样的语气给你回音。爱出者爱返，福往者福来。为人处世许多烦恼都是因为对外界苛求得太多而产生的。你热爱别人，别人也会给你爱；你去帮助别人，别人也会帮助你。世界是互动的，你给世界几分爱，世界就会回你几分爱。爱给人的收获远远大于恨带来的暂时的满足。"

听了方丈的话，他愉快地下山了。

回去后他以积极、健康、友爱的心态对待身边的一切，他和同事之间的误解消除了，没有人再和他过不去，工作上他比以往好多了，他发现自己比以前快乐多了。

的确，爱是世界的回音壁，想要消除仇恨，给生命增添些友爱，就请用善意的心灵与世界对话。你的声音越发友善，得到的回复将越发美妙，这美妙的回复又会给我们的心灵带来更多的平和与欢乐。

其实善意，对他人而言也是无价之宝，通过善意，我们可以给予需要爱的人温暖。爱与被爱的人，比远离爱的人幸福。我们付出越多的善意，就会得到越多善意的回报，这是永恒的因果关系。

善意让人们不再相互欺骗，不再互相轻视，在愤怒或意志薄弱时，也不会相互伤害。善良的意念就如母亲一般：它丰富了人类的生命，不给予丝毫的限制和牵绊；提升了人性，给予生命无限的高贵。

可惜，生活中总是有一些人不懂得爱的伟大，他们心胸狭隘，一点点小事就足以使他们心烦意乱。当别人无意中惹到他们时，他们总是抱着"以牙还牙，以眼还眼"的态度，摆出一副"寸土必争"的姿态予以还击。他们做人的原则就是绝不吃亏，但实际上这种人往往容易吃大亏。

"以眼还眼，以牙还牙"，看起来矛盾的双方是势均力敌，谁都不吃亏，但当你真的以这种原则去办事时就会发现，你可能解了一时之气，但不能得到大多数人的认可和好评。因为你的行为事实上是在告诉别人：你是一个气量狭小的人，那么还有谁愿意靠近你呢？

用诚信打造人生品牌

有一句话说，"敦厚之人，始可托大事"，一个人如果不够诚实，不讲信用，往往在交际上成为两面派，在社会上成为唯利是图的小人，这样的人是不会交到真正的朋友的。交友如果不交心，一切都不会长久。人与人之间相处，需要相互以诚相待，真正的大丈夫要言而有信，诚实可靠。在与朋友交往中，要言行一致，信守诺言。

不论在生活上或是工作上，一个人的信用越好，就越能成功地打开局面，做好工作，你应对的客人愈多，你的事业就做得愈好。可以说，诚信就是你最好的人生品牌。

历史上著名的改革家商鞅，为尽快实施自己的变法主张，就用"诚信"为自己铸造了一面金牌。

第二章　名誉建立：无瑕的名誉是世上最纯粹的珍珠

公元前350年，商鞅积极准备第二次变法。

商鞅将准备推行的新法与秦孝公商定后，并没有急于公布。他知道，如果得不到人民的信任，法律是难以施行的。为了取信于民，商鞅采用了这样的办法。

这一天，正是咸阳城赶大集的日子，城区内外人来人往，车水马龙。

时近中午，一队侍卫军士在鸣金开路声引导下，护卫着一辆马车向城南走来。马车上除了一根三丈多长的木杆外，什么也没装。有些好奇的人便凑过来想看个究竟，结果引来了更多的人，人们都弄不清是怎么回事，反而更想把它弄清楚。人越聚越多，跟在马车后面一直来到南城门外。

军士们将木杆抬到车下，竖立起来。一名带队的官吏高声对众人说："大良造有令，谁能将此木搬到北门，赏给黄金10两。"

众人议论纷纷。人们互相打探、询问……谁也说不清是怎么回事。因为谁都没听说过这样的事。有个青年人挽了挽袖子想去试一试，被身旁一位长者一把拉住了，说："别去，天底下哪有这么便宜的事，搬一根木杆给10两黄金，咱可不去出这个风头。"有人跟着说："是啊，我看这事儿弄不好是要掉脑袋的。"

人们就这样看着、议论着，没有人肯上前去试一试。官吏又宣读了一遍商鞅的命令，仍然没有人站出来。

城门楼上，商鞅不动声色地注视着下面发生的这一切。过了一会儿，他转身对旁边的侍从吩咐了几句。侍从快步奔下楼去，跑到守在木杆旁的官吏面前，传达商鞅的命令。

官吏听完后，提高了声音向众人喊道："大良造有令，谁能将此木搬至北门，赏黄金50两！"

众人哗然，更加认为这不会是真的。这时，一个中年汉子走

出人群对官吏一拱手，说："既然大良造发令，我就来搬，50两黄金不敢奢望，赏几个小钱还是可能的。"

中年汉子扛起木杆直向北门走去，围观的人群又跟着他来到北门。中年汉子放下木杆后被官吏带到商鞅面前。

商鞅笑着对中年汉子说："你是条好汉！"商鞅拿出50两黄金，在手上掂了掂，说："拿去！"

消息迅速从咸阳传向四面八方，国人纷纷传颂商鞅言出必行的美名。商鞅见时机成熟，立即推出新法。第二次变法就这样取得了成功。

你要让你的信用代表你，让你的名字走进每一个与你打过交道的人心中，你要使他们信赖你，觉得你是一个可靠的人。

诚信，就是不欺人，重承诺，不耍花招，敢于负责。作为一种传统美德，诚信不仅是个人道德修养的底线，也是人际交往和各种社会事务顺利进行的基本保证。曾几何时，世风日下，人心不古，人与人之间不仅没有了信任和依托，而且尔虞我诈。这种风气严重影响了个人和整个经济局势的发展。因此，人们呼唤诚信的呼声日益高涨。加拿大企业家金诺克·伍德曾给他的儿子写过讲诚实的一封信。因为他的儿子为签署一份合同而花费大量心血，可惜最终由于对方缺乏商业道德而告吹。伍德在信中告诫儿子：千万别为此而不快。你具有诚实的人格，而对方没有。欠缺诚实的行为必定会招致别的不良后果，所以不必为他的"成功"而懊丧。必须注意的是你自己的品格，这才是最重要的。正如孔子所说的那样——"一个人不讲信用，不知道他怎么可以立身处世。这就好比大车没有安横木的，小车没有安横木的，那么它怎么能行走呢？"所以说，唯有以诚信立世，才能在人生路上长远顺利地走下去。

| 第二章　名誉建立：无瑕的名誉是世上最纯粹的珍珠 |

以真诚昭示天下

要让新结识的人喜欢你、愿意多了解你，诚恳老实是最可靠的办法，是你能够使出的"最大的力量"。

对于很多人来说，平时最忌讳的就是用欺骗手段来换取成就。因为日久之后，自己的欺骗，被对方看破，对方对你的一切，不能无疑，今日你虽真诚待他，对方还是会认为这是你另一种姿态的虚伪，即使你拿出诚心相示，他还是会认为你在做作。所以无诚不信，无信不诚。你要诚，必先要修信，修信乃能立信，立信乃能行诚，因此千万不要有一次的欺骗。要建立你坚强的信心，免得对方发生不必要的怀疑。

美国女记者基泰丝在一家叫"奥达克余"百货商场买了一台"索尼"唱机，基泰丝在商场受到售货员热情的接待，他们满面笑容地为基泰丝挑选一台未启封包装的唱机。但女记者晚上到家一试，却发现自己买的是一台无法使用的坏唱机，不由得火冒三丈。她决定第二天与该商场交涉，并迅速赶写好了一篇"曝光"的新闻稿——《笑脸背后的真面目》。

第二天清晨，基泰丝还没有起床，就接到"奥达克余"商场的电话，通知商场副经理和一名职员随即前来道歉。半小时后，"奥达克余"一名职员给女记者送来一台合格的唱机，外加蛋糕、毛巾和畅销唱片。接着，同来的副经理宣读了一份备忘录，讲述该商场连夜寻找基泰丝的经过。原来，商场从电脑资料分析得

- 35 -

知，有一台没有装内件的唱机已经被当作合格品售出。尽管这时已经接近深夜，但商场还是连续打了35次紧急电话，四处寻找这台唱机的买主，最终找到了基泰丝。

"奥达克余"通宵达旦地纠正自己的错误，使基泰丝深受感动。她立即重写新闻稿《35次紧急电话》，使"曝光"变成了"表扬"。"表扬"稿一经发表，公众反响强烈，而"奥达克余"的信誉也随即大增。

诚能动人，至诚可以感天，虽然是家喻户晓的老话，但若论其效力的宏大，古今中外，却颇少例外。

诸葛亮高卧隆中，自比管乐，抱膝长吟，略无意于当世。他与刘备原是素昧平生，刘备一心想收为己用。刘备仗着自己是中山靖王之后，汉室的子孙，同时利用人心尚未忘汉的机会，亲自去访问诸葛亮，一连去了三次，才得相见。这种行径，十足表示他的诚挚。诸葛亮的无意当世，原是找不到合意的主子，亲见刘备有恢复汉室的雄图，对他又万分诚挚，认为他是合意的主子，便放弃高卧隆中的主张，相随左右。虽几经挫折，绝不灰心，到后来竟以"鞠躬尽瘁，死而后已"报答，可见其诚挚动人之深。

所以你如果已有相当的地位，真的能用诚挚的方法，网罗人才，谁都乐意被你所用。有学问，有本领的人，虽清高几许，不肯降格相就，但是"有美玉于斯，韫椟而藏诸？"其内心还是"沽之哉，沽之哉，待善价而沽之者也"。至于"独善其身"乃是消极的办法。这就是说，只要你用诚挚的方法，谁都不会拒绝的。不过所谓诚挚，不能在外表上用功夫，说话表情虽好，如果你的内心不诚，至多也只能成为"巧言令色"罢了。对方若是个贤人，岂有看不出你虚伪的道理？因为内心不诚，凭你的巧言令色，终有若干破绽，给对方看出，那么你的巧言令色，则成为心劳术拙！你的内心能诚，表现于外的就无所不诚了，即使拙于辞令，拙于表情，仍无害你内心的诚，或者因为拙的关系，反而衬托出你的朴，诚而且朴，效力更大。古人说："诚者，天之道也，诚之者，人之道也。"所谓的内心之诚，就是诚的基本。辞令表情，不过是诚的方法。只要对方对抬，素无误会，素无恶感，你的诚挚，必能感人。

"女也不爽，士贰其行。士也罔极，二三其德。"对配偶的不忠，还会遭到怨恨，何况对于素无交情的贤人，哪有不鄙视你的为人呢！也许你曾遇到过这种人，你以诚挚待他，他偏以谲诈报你，便引起了你对于诚的怀疑。其实不必怀疑，诚是绝对有效的，不会有什么例外，若发生例外那也只是你的诚力量太弱，还不足以打动对方的心罢了，这叫作诚之未至。你应该增加你的诚，直到能打动对方的心为止。

真实之中有伟大，伟大之中有真实。聪明人会以真诚昭示天下，做一个堂堂正正的好人。即使生命中没有丰功伟绩，同样可以使自己的人生充满敬仰。

不义之财，分文莫取

做人，如果控制不了自己的欲望，那么就会成为欲望的奴隶，最终要被欲望所湮没。人之求利，情理之常，但君子爱财，应取之有道，如果放纵贪念，强取豪夺，只能让人唾弃，到头来更是得不偿失。

你知道那原本是别人的东西，却起了据为己有之心，并付诸行动，将其收入囊中，这便是偷盗。且不论你采取怎样的方法，是亲自动手还是指使别人，都不会得到好的果报，即便只是"见盗欢喜"也是会导致贫穷的。

这一点与儒家的"君子爱财，取之有道"颇有异曲同工之处。孔子说："不义而富贵，于我如浮云。"孔子认为，"义"是一个人立足于世的根本。那些道德高尚的人重义轻利，他们必然会被世人所尊敬，而那些品行低下的人则多重利轻义，这样的人一定会被世人所唾弃。乍一看来，似乎在孔子的思想中，"义"与"利"是相对的，其实并非如此。利即利益、富贵，客观地说，没有任何一个人会讨厌得到利益，孔子也不例外。他曾表示，如果可以求得富贵，那么即使做个车夫也无所谓。不过他又强调，一个人无论对富贵多么渴望，但必须遵循一个原则——得之于正道。

由此可见，"利"与"义"本身并不冲突，关键是我们以怎样一种方式去得到利益，倘若摆在我们眼前的利益是符合"义"的，那么尽管去取便是；倘若这利益不符合"义"字，那么就不要被它所诱惑，而应毫不犹豫地远离它。

有一个专做老红木家具生意的古董商，在一处偏僻的小山村里，无意间发现了一个十分珍贵的老式红木旧柜子。他惊喜万分，但过后不久，古董商开始动了心思。他先是与柜子的主人闲扯聊天，然后又假装在不经意间、小心翼翼地扯到了柜子上。随后，开价500元人民币准备购买。

山里人从来没有见过这么多钱，他把古董商看得直发毛。最后，山里人终于同意了，古董商一颗"怦怦"乱跳的心才算稳了下来。

但他马上又开始后悔了。原来，当看到山里人这么爽快地答应下来，他就觉得自己吃亏了，"根本就不应该出500元，也许300元足够了。"但是，他还不能反悔，这样很容易让对方看出破绽。于是，古董商不死心地围着房前屋后细细琢磨。

"真巧，居然找到了一把脏兮兮的红木椅子！"他对主人说："这个柜子实在太破了，拿回去也修不好，只能当柴火烧。"

山里人喃喃道："要不，您就别要了。"

古董商非常大度地一挥手："说出的话，怎能随便咽回去？这样吧，你干脆把那把椅子也送给我算了。"

山里人本来就有些自感惭愧，听他这样说，当然感激地连忙点头。

古董商笑道："那我明天早上再来取这些柴火。"

第二天一早，当古董商带着车来装运柜子和椅子时，看到门前有一堆柴火，山里人走出来说："您大老远地来一趟不容易，我已经替您把柴火劈好了。"

"后来呢？"有人问古董商。

古董商非常平静地从书架上取出一根木头。用右手做了一个"八"字形，原来，除了500元木头款外，还支付了300元的劈柴费。停了一会儿，古董商非常认真地说："其实，这800元应该算学费，因为从此我知道了过分贪婪意味着什么。"

当道义与利益发生冲突时，正是对一个人道德操守的最大考验，遗憾的是，我们之中有很多人在这种考验面前，都显得不是那么合格，更有甚者，甚至完全弃道义于不顾，着实让人痛心疾首。案例中的古董商在"义"与"利"面前的表现，起初显然是不合格的，好在他最终迷途知返，给自己那颗被利益蒙蔽的心做了一番彻底的清洗。

正所谓"君子喻于义，小人喻于利"，千百年来，仁义与否一直是国人区分善人与恶人的根本标准，而仁义道德也一直是国人努力遵循的行为及生活准则。"仁"与"义"二者互为表里，言语行为都符合一个"义"字，则可称之为"仁"；内心常怀仁念者，则言行必能体现出"义"。在孔子看来，即便是吃粗粮野蔬，喝无味冷水，以臂为枕，也能够乐在其中，而以不道德的方式得来的富贵，对他而言就像浮云一样。这才是君子应有的人生态度。

古往今来，圣贤们也都在谆谆告诫后人，可以留意于物，但不能流连于物，更不能为物所役。诚然，欲望，人皆有之，而事实上欲望本身也并非都不好，可欲望一旦过了度，就会变成贪欲，人也随之成了欲望的奴隶。锁住欲望，就是锁住了贪婪！贪婪是灾祸的根源。过分的贪婪与吝啬，只会让人渐渐地失去信任、友谊、亲情等；物欲太盛造成灵魂变态，精神上永无快乐，永无宁静，只能给人生带来无限的烦恼和痛苦。

可见，每个人都必须要懂得控制自己的欲望，善待财富，切忌吝啬与贪婪；还要自由地驾驭外物，将钱财用之于正道，凭借自己的才能智慧赚取钱财，去助人成就好事。

其实钱财乃身外之物，生不带来，死不带去；得之正道，所得便可喜，用之正道，钱财便助人成就好事。如果做了守财奴，一点点小钱也看得如性命，甚至为了钱财忘了义理，那也就是为物所役，那"倒不如无此一物"了。

| 第二章　名誉建立：无瑕的名誉是世上最纯粹的珍珠 |

真心悔改，可以洗刷名誉上的污点

　　是人就会犯错，无可避免，错误并非不可饶恕，只要你懂得忏悔。如果人人都懂得忏悔，濒临麻木的心就会萌生出爱的嫩芽；如果处处都有良知的觉醒，再弯曲的道路也能抵达爱的世界。

　　生活是纷扰烦琐的，有心无心之间，我们不知做错了多少事，说错了多少话，动过多少邪念，只是很多时候我们真的没有觉察。但正所谓"不怕无明起，只怕觉照迟"，这种从内心觉照反省的功夫就是忏悔。人有时因无知而犯罪，或因愤恨，或因误会而犯罪。事后，自知无理，来求忏悔谢罪，此人却是难得，有上德行，但受者反不肯接受其忏悔，必欲报复。如果是这样的话，那么犯罪者已无罪，而不接受忏悔者，反成为积集怨结之人。当我们的身心受到染污之时，只要用清净忏悔的净水来洗涤，就能使心地没有污秽邪见，使人生呈现意义。

　　有个年轻人，家里一贫如洗，于是前往南方一发达城市打工。求职时许多用人单位都拒绝了一没技术二没文化的他，最后，他只能从事简单、机械的体力劳动。他用身上仅有的几百元买了一辆二手人力三轮车，每天定时给一家饭店送菜送货。

　　有一天晚上，送货途中，由于车速过快，逆向行驶的他将一位拾荒的老人撞倒，老人倒在地上血流如注，不省人事，他自己

也摔成重伤。在好心人的帮助下,他和老人被送往附近医院急救。住院需要押金,他将几千元货款全部交了押金。晚上医生告诉他,老人的伤势很严重,需要几万元手术费,请他想办法通知家人筹款。几万元对于一个月收入只有1000多块、仅能勉强度日的他来说,无疑是一个天文数字。到哪里筹集这笔巨额的医药费呢?躺在床上输液的他心绪大乱。

最后,他趁医务人员不注意,拔掉针头悄悄跑掉。他潜回住处匆匆换掉衣服,与饭店老板结清费用,连夜在那个城市销声匿迹。

他在另一个城市过起了流浪生活,每天早出晚归四处求职,但结果很不理想。眼看身上的钱就要花完了,他将希望寄托在了街头的彩票点上,每天他只花2元钱买一注彩票,这样雷打不动地坚持了一个月,幸运的是,有一天他竟然中了一万元。兴奋不已的他在城郊租了一间非常窄小的店面,办起了2元超市,利润很低。经过一段时间的经营他发现,住在城郊的大多是外来打工者,他们心疼钱,更钟爱这种"2元"超市的小商品。于是他扩大规模,又租了一间店面,打出零利润的旗号,又用不多的钱雇了一个打工者。很快,他的零利润超市因为物美价廉赢得了大批打工者的青睐。他以规模制胜,许多供货商以低于他人的批发价给他的零利润超市供货,两者互惠互利,赚的钱也越来越多,一年以后,他已拥有了近10万元的积蓄。

有了钱他的心里愈发不安,不知为什么,每天晚上盘点收支时,心里都有种刀割般的感觉,脑中总是不时闪现自己撞人后从医院逃逸的情景。他赚的钱越多,这种负罪感就越强烈,让他寝食不安,夜不能寐。最后,他决定到那个城市去赎罪,还清拖欠的医疗费、老板的货款和预支的工资。

在医院里他长跪不起,深深地忏悔,向医生讲述了当初为何悄悄逃逸的原因。医院原谅了他的过错,他缴纳了所欠的医疗费,并向医院捐了10万元钱,以解救那些无钱治病的人。

老院长拉起他语重心长地说:"一个人生理麻木没关系,怕的是良知麻木;一个人有了过错不要紧,怕的是道德沦落而不觉醒。我建议给你的捐款起个名字,你认为该怎么称呼好?"

他如获重释地说:"就叫责任觉醒救助金吧。"医院一致通过了这个命名。

回去后,他将超市的名字改成"觉醒零利润超市",他的生意越做越大,店铺效益越来越好。

我们行走的人世太浮华、太复杂,我们原本纯正的天性一不小心就会被尘嚣所魅惑,导致我们在错误的沼泽中越陷越深。而忏悔和自省的好处就在于,它恰恰可以使我们明得失、衡利弊、知进退。说句不中听的话,那些生命平庸乃至困顿的人之所以过得如此糟糕,往往就是因为不自知己过、缺乏悔过和自省精神,又或者他们从来就不知悔过和自省。

自省之心,会让我们重新认识和评价自我,重新更迭和安顿自我。但仅仅如此还不够,我们还要为自己的过错负起责任,准备接受这个错误所带来的一切后果,这才是悔过的意义。

自省,这是一种认识到错误以后的明白,更是一种经过思考后的道德觉醒,是悔过在行动上的延伸。如果说你不懂得自省,那么过去之事,你直到今日还不知正误;现在之时,你处于悬崖边缘而不知勒马。你说你是否糊涂?你说这样的人生能不平庸?!又岂能不困顿?!

自省亦是自知。我们要想获取前进的不竭动力,就必须不断反思自己。无论是谁,都要在做完事情之后,好好反省自己,时刻自我反省，只有这样，我们才能把事情做到更好。假如你不能及时反省自己的错误，那便只会错上加错，走上一条失败的不归路。

第三章　性格优化：
别让性格的缺陷酿成人生的悲剧

　　好性格是幸福人生的基石，一个人拥有较多的良好性格特质，也就等于抓住了成功与幸福的入场券，因为良好的性格会潜移默化地改变人生中的各个层面，进而改变整个人生。当然，每个人的性格都不可能是不完美的，总会有或多或少的毛病。因此，及时为自己的性格会诊是非常重要的。我们只有不断地优化自己的性格，才能拥有健康的身体、愉快的心情、幸福的人生。

良好的性格是成就事业的基石

　　一个人的性格决定着一个人事业的成败，无论是古老的过去还是现在，无论是战争年代还是和平年代。战争年代，需要的是敢打敢拼、雷厉风行的性格；和平年代，需要的是稳健老成、开拓进取的性格。然而，性格的改变，绝非容易，因此就有一大部分人被历史淘汰。曾经是百战百胜的将军，由于性格的问题，跟不上社会的发展最后出局。而一些名不见经传的后生却扶摇直上，成了忠臣、宠臣。一些怀揣奇才的文人墨客，多看到社会的黑暗面，借古喻今，甚至大肆讽刺，最后引来杀身之祸。改变历史的真正动力，绝非一般人物所及，那需要的是伟人，伟人的胆魄、雄才大志。所以说，人无法和环境抗争，只能适应环境的变化，依照环境改变自己。

　　拥有良好性格的人应是既不鲁莽从事，也不盲目附和，不会因为困难和挫折而一蹶不振，他们善于观察事物的发展变化，能根据情况的细微变化和客观的需要，当机立断地去改变或修改已执行的决定，而那些具有消极意志特征的人胆小，懦弱，易盲从，不加批判地接受别人的影响，轻易改变自己原来的决定，或者即使他的做法是错误的却固执己见，遇到困难就优柔寡断，畏缩不前，或者不计后果鲁莽行事，这样的人难成大器。

　　乐观的性格能使幸福常伴左右，乐观源于快乐的心境，无论遇到何事，都要释怀，有了快乐和别人分享，会拥有更多的快乐，这种良好的性格情绪特征，不仅能使我们学习或工作事半功倍，而且会使我们更多地享受到生活中的乐趣。

对于性格是如何影响一个人的事业的，北京心理医学研究所李粟教授肯定地说，性格对成功是有影响的，成功的标志是你的行为达到了你预期的目标。为达到你预期的目标，在达到目标之前的过程中，性格是可以左右人对事物的决断能力的。历史上的暴君和野心大的政治领袖，远如秦始皇，近如希特勒，均是为人暴戾奸诈阴沉之辈；文韬武略大有作为的政治家又都是稳健精明深受爱戴的人，像美国第一任总统华盛顿和周总理；而性格懦弱、优柔寡断的人通常都是亡国误国之徒，比如宋徽宗赵佶和宋钦宗赵桓。

良好的性格除了与自己的事业和环境相合外，还必须具备以下特征：

1. 能客观敏锐地知觉现实，正确看待自己、别人和世界。

2. 追求目标高远，能超然琐碎事务之上，不狭隘自私，不搞内部摩擦。

3. 能忍受孤独和寂寞，在所处的环境中能保持独立和宁静。

4. 干事有计划、有信心，又有坚持力和创造力。

5. 不无端敌视别人，能与大多数人友好相处，并有少数深交的朋友。

6. 自发而不流俗，能理智地控制自己的情绪和行为。

7. 具有真正的民主态度和幽默感。

8. 注意基本的哲学和伦理道德。

9. 热爱生活，热爱大自然，对平常的事物都能保持兴趣。

10. 能承受喜乐和悲伤的考验。

什么样的性格才是健全的性格

健康的性格是人们达到物质满足后的高生活水准,它能使人们的生活变得更加优质。健康的性格结构主要包括以下几个方面。

1. 现实的态度。

一个心理健全的成年人会面对现实,不管现实对他来说是否愉快。比方说,他可能喜欢驾驶汽车,他意识到开车会遇到种种危险,因此他经常检查车闸、车带、车灯和其他部件。而一个不成熟的人却可能想:"我从不会发生意外。"因而忽视任何预防措施。或者他可能属于另一种类型的人,白天检查车闸,夜里失眠,总是担心自己会出事故。

2. 独立性。

一个头脑健全的人办事凭理智,他稳重,并且适当听从合理建议。在需要时,他能够作出决定并且乐于承担他的决定所带来的一切后果。而一个不成熟的人常常会感到遇事很难下决心,他希望别人(如亲戚、朋友、同事等)来指点他应该怎样行动。当他不得不自己作决定时,他可能会变得急躁,惶恐不安,甚至为非作歹。很多不成熟的人拒绝承担他们的决定所应负的责任。出了差错时,他们推卸责任,怨天尤人。获得成绩时,他们常常过分地要求赞扬。

3. 爱别人的能力。

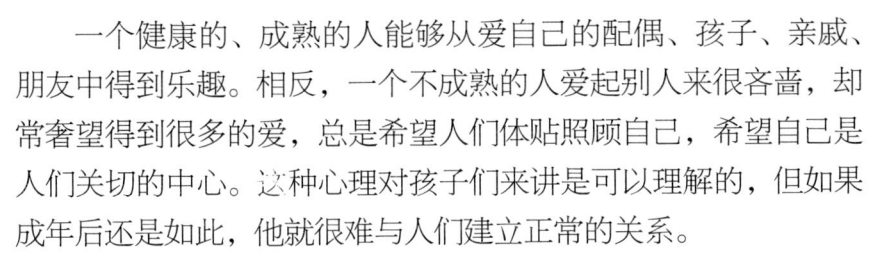

一个健康的、成熟的人能够从爱自己的配偶、孩子、亲戚、朋友中得到乐趣。相反，一个不成熟的人爱起别人来很吝啬，却常奢望得到很多的爱，总是希望人们体贴照顾自己，希望自己是人们关切的中心。这种心理对孩子们来讲是可以理解的，但如果成年后还是如此，他就很难与人们建立正常的关系。

4. 适当地依靠他人。

一个成熟的人不但可以爱他人，也乐于接受爱。婚姻中合理的爱情关系，应当是双方都能够给予和接受爱情所带来的快乐。分享给予和接受的爱情和友谊，是一个人灵活、适应性强和成熟的表现。

5. 发怒要能自控。

任何一个正常的健康人有时生生气是理所当然的。但是他能够把握分寸，不至于失去理智。他会为了一些长久的利益而对眼前的鸡毛蒜皮不加计较。他可能有时会发脾气，但决不会因为在某一商店未买到想买的东西这类小事大发雷霆。

6. 有长远打算。

一个头脑健全的人会为了长远利益而放弃眼前的利益，即使眼前利益有很强的吸引力。例如，一个成熟的学生在考前复习时，会为了全力以赴地参加考试而谢绝一切社交，牺牲眼前的快乐，考试结束后再痛快地游玩和进行社交。再如，一对成熟的恋人，为了完成学业或出于其他要求，他们会暂时推迟一下婚期，即使他们很相爱也不会仓促行事，因为他们认为暂时的耽搁也许会换来更长久的幸福。

7. 善于休息。

一个正常的健康人在做好本职工作的同时，需要并且善于享受闲暇和休假。相反，情绪不太稳定的人常常感到被迫做某事，很少从自己的工作和闲暇时间里享受到快乐；在周末和休假时还在想事情怎样会做得好些，因此，他常常得不到充分的休息。一个成熟的人休息时心情坦然，尽情放松，所以再工作时他精力充沛。他也有可能在闲暇的时候还忙一些其他的事情，但他不把做这些事看作是更多的劳动，而是当作嗜好和消遣。

8. 对调换工作持慎重态度。

心理健康的人常常很喜欢自己的工作，不见异思迁。当他确实想调换一下自己的工作时，必定是出于种种慎重考虑。他不会因为有个别的上司或同事不好相处等小事而调换工作。

9. 对孩子钟爱和宽容。

一个健康的成人喜爱孩子，并肯花时间去了解孩子的特殊要求。不管他有多忙，几乎总是可以找到几分钟来和一个3岁的孩子玩耍，或者回答一个大一点的孩子的问题。他所给予孩子的爱要大于孩子所能回报的。

10. 对他人宽容和谅解。

对于一个成熟的人来说，这种宽容和谅解不单是对性别不同的人，还应该包括种族、国籍以及文化背景方面与自己不同的人。

11. 不断地学习和培养情趣。

不断地增长学识和广泛地培养情趣是一个健康个性的特点。具备这样的特点，一个人就可以从容不迫地生活在这个世界上。他的智慧和对人生的了解是不断地增长的，当他年逾花甲时将不会感到沮丧。

可以说，很少有人在性格上是完全健康和成熟的，但上述这些品质是我们应注意培养的。

| 第三章 性格优化：别让性格的缺陷酿成人生的悲剧 |

自私性格：损人又不利己

自私，这是一种接近本能的欲望，常被埋藏在心灵深处，可一旦"自我利益"与"他人利益"发生冲突，它就会蠢蠢欲动。

客观地说，人不可能不自私，因为人都有许多需求，譬如生理需求、物质需求、社会需求、精神需求等。需求，是人类行为的原始推动力，人类的许多进步就是创造者为了满足需求而产生的。这些为满足需求而采取的行动都是为了"我"，从这个意义上说，人都是"自私"的。其实懂得为自己谋利，也是一种生存必需，也是自我保护的方式。可凡事都要有个度，超出了一定的度，自私心就会无限膨胀，在外就表现为一个人的品行。这种品行表现在日常生活上就不仅仅是用"自私"二字可以涵盖的了，它会造成对他人利益的伤害，最终损坏自己的利益。

贾德森·韦布是位美国商人，他在纽约拥有一幢舒适的公寓，但每当夏季来临，他都要离开灰蒙蒙的都市前往乡下。他还有一套乡间小别墅，别墅里还放着一个装有猎枪、鱼竿、酒等物品的大壁橱。这壁橱他自己用，连他妻子都没有钥匙。贾德森·韦布珍爱自己的东西，别人碰一下他都会发火。

现在已经是秋天了，贾德森几分钟以后就要启程回到纽约。他看了看摆放红酒的壁橱，神情严肃。所有的酒都没有启封，只有一瓶除外。这瓶酒被放在最前面，里面的酒已不足半瓶，旁边还有一个红酒酒杯，看起来非常诱人。他刚拿起酒瓶，就听到妻子海伦在另一个房间说道："我都收拾好了，亚历克什么时候才能回来？"亚历克住在附近，兼做他们的管家。

"他在湖里拖小船呢，半小时以后就能回来！"

海伦提着手提箱走了进来，看到丈夫把两片药扔进半空的酒瓶中，药片很快便溶解了。

"你在干什么？"她问。

"咱们走后，去年冬天破门而入、偷去我红酒的人可能还会故技重施，可他这次会后悔的。"

海伦心惊胆战地问："你放的是什么药？会使人生病吗？"

"岂止是生病，还会要人的命呢！"他心满意足地答道，顺手将酒瓶放回原处，"嗯，小偷先生，你想喝多少就喝多少吧。"

海伦的脸一下子白了，她嚷着："贾德森，别这样，太可怕啦，这是谋杀呀！"

"如果我开枪打死一个私入民宅的小偷，法律会不会判我谋杀？"

她哀求道："别这样，法律不会判入户盗窃者死刑的，你没有权力这样做！"

"当涉及我的私有财产时，我会运用我的私人法律。"他现在看起来就像一条害怕别人夺走他的骨头的大狼狗。

"他们不过是偷了点儿酒而已，可能是些小男孩干的，也没搞什么破坏。"她又说。

"那又有什么关系？一个人偷了5美元与100美元毫无区别，贼就是贼。"

她做最后的努力："咱们得明年夏天才能来，我会一直担惊受怕的，万一……"

他哈哈大笑："我以往担着风险做生意，不是也赚了吗？咱们再冒一次险又能怎样？"

第三章　性格优化：别让性格的缺陷酿成人生的悲剧

她明白再争下去也是徒劳，他在生意上也一直这样冷酷无情。于是，她借口向邻居告别，把这事告诉给了管家的妻子。

贾德森正要锁壁橱，忽然想起晾在花园的猎靴忘了装进行李。他伸手够靴子时，脚下一滑，头重重撞在了桌角上，随即昏倒在地。

几分钟后，他感觉有双有力的臂膀在抱着他，他听出是亚历克的声音："没事啦，先生，你伤得不重，喝点这个会使你感觉好些。"一个红酒酒杯送到了他嘴边，他迷迷糊糊地喝了下去……

自私就像毒药，往往诱使人做出丧心病狂的举动，但丧心病狂过后，终究自食其果。利益人人都想要，人人也都不希望自己的利益被侵害，但我们不可将私心转为贪婪心，一切都以自己为中心。在现实生活中，因为人与人之间的利益、处境或喜好不尽相同，对同一件事可能有不同的感受，这就需要做出妥协，而心灵一旦被自私全部浸染，就很难向别人妥协，从而引发他人对你的不满，如此一来，没有了和谐的人际关系，你的人生道路只能越走越窄。

仔细观察生活你会发现，每一件损人利己的客观行为，追根溯源，都不外乎是"自私"的结果。然而，这并不意味着，因为"自私"是一种天性，我们就只能随性而为、为所欲为。人，可以依靠自身的理智、良心、道德的抑制，以及外部环境的控制、影响，将自私心理控制在合理的范畴之内，以达到利己利人的客观效果。

在这里，为大家介绍两种训练性心理冥想，以制约自私心的泛滥。

1. 内省性训练。

此法根据构造心理学派主张的方法演化而来，即通过内心的自我观察来克服自私心理。这个冥想需要一定的客观标准，应以社会公德和社会规范为判断依据，反思自己的行为是否已经逾越合理范畴，并在冥想中看到不良行为的危害，对照榜样找差距，总结改正错误。

2. 回避性训练。

这个冥想依据的是心理学上的操作性反射原理，是一种以负强化为手段而进行的一种克服方法。即当你意识到自己有自私的念头或行为时，就去想象别人的愤怒、指责、咒骂，甚至是法律的制裁，以心理上的痛觉弹击自己，促使自己纠正。

虚荣性格：一种被扭曲的自尊

"虚荣心很难说是一种恶行，然而一切恶行都围绕虚荣心而生，都不过是满足虚荣心的手段。"

虚荣心理是指一个人借用外在的、表面的或他人的荣光来弥补自己内在的、实质的不足，以赢得别人和社会的注意与尊重。它是一种很复杂的心理现象，与自尊心有极大的关系，但也不能说，虚荣心强的人一般自尊心强。因为自尊心同虚荣心既有联系，更有区别，虚荣心实际上是一种扭曲了的自尊心。人是需要荣誉的，也该以拥有荣誉而自豪。可是真正的荣誉，应该是真实的，而不是虚假的，应该是经过自己努力获得的，而不是投机取巧取得的。面对荣誉，应该是谦逊谨慎，不断进取，而不是沾沾自喜，忘乎所以。可见，当人对自尊心缺乏正确的认识时，才会让虚荣心缠身。

曾看到这样一个故事：

第三章 性格优化：别让性格的缺陷酿成人生的悲剧

男人和女人是大学同学，在学校时是大家公认的金童玉女，毕业后，顺理成章地结成了百年之好。那时，当同学们都在为工作发愁时，男人就已经直接被推荐到一家公司做设计工程师，女人也因此自豪着。

结婚5年后，他们要了宝宝，生活步入稳定的轨道，简单平静，不失幸福。然而，一次同学聚会彻底搅乱了女人的心。

那次聚会，男人们都在炫耀着自己的事业，女人们都在攀比着自己的丈夫，站在同学们中间，女人猛然发现，原本那么出众的他们如今却显得如此普通，那些曾经学习和姿色都不如自己的女同学都一身名牌，提着昂贵的手提包，仪态万千，风姿绰约。而那些曾经被老公远远甩在后面，不学无术的男同学，现在居然都是一副春风得意的样子。

回家的路上，女人一直没有说话，男人开玩笑说："那个小子，当初还真小看他了，一个打架当科的小混混，现在居然能混成这样，不过你看他，真的有点小人得志的样子。"

"人家是小人得志，但是人家得志了，你是什么？原地踏步？有什么资格笑话别人？"

男人察觉出了女人的冷嘲热讽，但并未生气："怎么了？后悔了？要是当初跟着他现在也成富婆了是吗？"

一句话激怒了本就不开心的女人："是，我是后悔了，跟着你这个不长进的男人，我才这么处处不如人。"

男人只当作女人是虚荣心作怪，被今天聚会上那些女同学刺激了，为避免吵起来，便不再作声。

一夜无话，第二天就各自上班了，男人觉得女人也平复了，不再放在心上，可是此后他却发现，女人真的变了，总是时不时地对他讽刺挖苦：

"能在一个公司待那么久，你也太安于现状了吧？"

"干了那么久了,也没什么长进,还不如辞职,出去折腾折腾呢?"

"哎,也不知道现在过的什么日子,想买件像样的衣服,都得考虑半天的价格,谁让咱有个不争气的老公呢!"

在女人的不断督促下,男人终于下决心"折腾折腾"。他买了一辆北京现代,白天上班,晚上拉黑活,以满足女人不断膨胀的物质需求。女人的脸上也渐渐有了些笑模样。

那天,本来二人约好晚上要去看望女人的父亲,可左等右等男人就是不回来。女人正在气头上,收到了男人发来的信息:"对不起老婆,始终不能让你满意。"女人看着,想着肯定是男人道歉的短信,她躺着,回想着这些年在一起的生活,想到男人对自己的关心和宽容,想着他们现在的生活,虽然平凡一点,但是也不失幸福,想着自己也许真的被虚荣冲昏了头了,想着想着便睡着了。第二天早上,睁开眼的女人发现,丈夫竟然彻夜未归,她大怒,正准备打电话过去质问,电话铃声却突然响了。

电话那头说他们是交通事故科的,女人听着听着,感觉眼前的世界越来越缥缈,她的身体不停地抖着,蜷缩成一团。

原来,那天晚上,男人拉了一个急着出城的客人,男人一般不会出城,但因为对方给的价格太诱人,就答应了,回来的路上,他被一辆货车追尾,最后一刻男人给女人发了一条信息"老婆对不起,始终不能让你满意"。

太平间里,女人的心抽搐着,可是无论多么痛苦,无论多么懊悔,无论多么自责,都已经唤不醒"沉睡"的男人。她一遍遍地责问自己:"为什么要责骂,为什么要逼迫,为什么不能珍惜眼前所拥有的?为什么要用虚荣为生命埋单?"

这就是虚荣心,是一种被扭曲了的自尊心。虚荣心理的危害是显而易见的。其一是妨碍道德品质的优化，不自觉地会有自私、虚伪、欺骗等不良行为表现；其二是盲目自满、故步自封，缺乏自知之明，阻碍进步成长；其三是导致情感的畸变。由于虚荣给人以沉重的心理负担，需求多且高，自身条件和现实生活都不可能使虚荣心得到满足，因此，怨天尤人、愤懑、压抑等负性情感逐渐滋生、积累，最终导致情感的畸变和人格的变态。严重的虚荣心不仅会影响学习、进步和人际关系，而且对人的心理、生理的正常发育都会造成极大的危害。

所以，我们必须制止虚荣心的泛滥，还给心灵一片宁静。给大家提两点建议：

1. 调整心理需要。

人的一生就是在不断满足需要中度过的。不过，在某些时期或某种条件下，有些需要是合理的，有些需要是不合理的。要学会知足常乐，多思所得，以实现自我的心理平衡。

2.. 摆脱从众的心理困境。

从众行为既有积极的一面，也有消极的一面。对社会上的一种良好时尚，就要大力宣传，使人们感到有一种无形的压力，从而发生从众所为。如果社会上的一些歪风邪气、不正之风任其泛滥，也会造成一种压力，使一些意志薄弱者随波逐流。虚荣心理可以说正是从众行为的消极作用所带来的恶化和扩展。例如，社会上流行吃喝讲排场，住房讲宽敞，玩乐讲高档。在生活方式上落伍的人为免遭他人讥讽，便不顾自己的客观实际，盲目跟风，打肿脸充胖子，弄得劳民伤财，负债累累，这完全是一种自欺欺人的做法。所以要有清醒的头脑，面对现实，实事求是，从自己的实际情况出发去处理问题，摆脱从众心理的负面效应。

客观地说，一个有着正常思维的人，都会有虚荣心，适度的虚荣心可以催人奋进，关键是看你的心态。成熟的人应该让虚

荣心成为一种前进的动力,不要让它盲目膨胀,并为此付出惨重代价。

忌妒性格:
所有美好的东西都将成为它的陪葬品

　　人性中的狭隘,就像一把看不见的钢刀,不仅会刺瞎你的眼睛,还会刺瞎你的心,如果让人类的这种心态恶性循环下去,所有美好的东西都将成为忌妒的陪葬品。这种由褊狭、自私而萌生的忌妒显然是消极的。

　　忌妒是人的本性,在合理范围内可被视为正常反应。如果让自己的内心充满妒忌,就可能导致行动不顾后果,做事缺乏考虑。所以莎翁一再提醒人们:"您要留心忌妒啊,那是一个绿眼的妖魔!"的确是这样,现实生活之中,忌妒作为一种病态心理危害极大。忌妒者往往不择手段地采取种种办法,打击其忌妒对象,既有害自己的心理健康,又影响他人。

　　在当今这个时代,最具代表性的忌妒心理就是仇富现象。据说中关村某男士经过数年的打拼才积累了一点资产,买了一辆轿车代步,可停在公司楼下没几天,就被人划上了几道疤痕。

　　这样的心理事实上很多国人都有,他们自己富不起来,又见不得别人富有,因此只能用败坏别人的办法来安慰自己,事实上这种心理败坏的不止是别人,更是自己。因为"每一个埋头于沉入自己事业的人,是没有工夫去忌妒别人的。忌妒是一种四处游

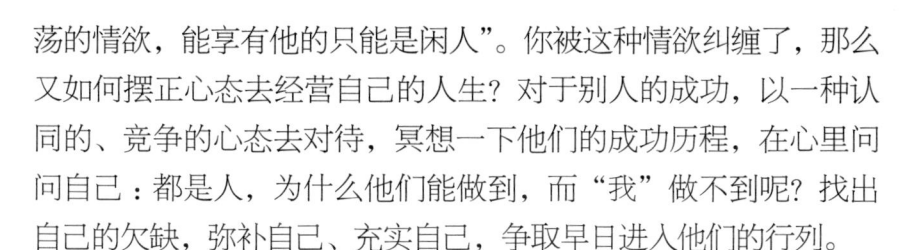

荡的情欲，能享有他的只能是闲人"。你被这种情欲纠缠了，那么又如何摆正心态去经营自己的人生？对于别人的成功，以一种认同的、竞争的心态去对待，冥想一下他们的成功历程，在心里问问自己：都是人，为什么他们能做到，而"我"做不到呢？找出自己的欠缺，弥补自己、充实自己，争取早日进入他们的行列。

当然，这是很难摆正的问题，自我意识促使忌妒心理在无形中占据主控地位，让我们自卑、让我们狭隘、让我们憎恨、让我们忌妒、让我们痛苦，但是，这心中的魔障不除，我们就永远也无法获得人格的升华以及人生的进步。

《迁善录》上有一则故事。

宋朝大夫蒋瑗有十个儿子，个个身体残废，不是驼背、跛脚、手足不能屈伸、瘫痪，就是疯癫、愚痴、耳聋、眼瞎、哑巴，有一个还死在狱中。

蒋瑗问子皋说："我平生只不过经常要忌妒比我高明的人，喜欢逢迎巴结我的人。我怀疑别人做的善事，坚信他人的恶事；见别人得到好处，就像自己损失了什么；遇到别人有了损失，就好像自己得到了好处似的。"这样难道也会有报应吗？

子皋说："这正是你忌妒的恶报，你应当改过向善，则必可转祸为福，从现在开始，仍然还不会太晚。"

蒋瑗便痛改前非，广修善行，几年后，他九个儿子的毛病都逐渐痊愈了。

这个故事未免夸张，是佛经宣扬因果报应的艺术作品，但其"免除忌妒才能消除烦恼"哲理，是值得我们深刻思考的。在现实生活中，我们难免要被人超越，因为任何人都不可能具备所有的智能，不想烦恼重重，我们就要坦然接受自己的不完美，当有人在某一方面超过我们时，我们应该去羡慕，而不是忌妒。因为羡慕会激发我们内心的斗志，令我们将对方当作追赶目标，从而不断提升、不断进步，这才是人生的精彩。

那么接下来，给大家一点建议，以此来减轻或消除我们的忌妒心。

1. 首先思考：忌妒要告诉我什么。

你对世界的看法代表了某一部分的你，思考忌妒可以帮助我们获得更多的自我认知。那么想想，你对别人的忌妒反映了什么？

是害怕被超越吗？"我"觉得自己不够优秀，"我"害怕因为别人的优秀而失去自己所拥有的一切？如果是这样，那再问问自己：为什么不使自己变得更加优秀，让一切在自己的掌控之中，而偏偏要浪费精力在担心和忌妒上？

你会认识到自己的荒唐与滑稽。

2. 给予自己自我安慰式的洒脱。

忌妒心理通常来自生活中某一方面的"缺乏"。你心里泛酸，不是滋味，是因为你想得到的东西被别人得到了，你因此失落，甚至认为是别人抢走了原本属于你的关注、荣誉、利益、机遇等。这种感觉会扰乱你的生活，会让你被忌妒情绪所左右，并不断强化和持久化这种情绪。

我们可以通过自我安慰式的洒脱来消除它的影响。在心里告诉自己：总会有新的机遇、新的朋友、新的美好在等待"我"，只要"我"愿意把握！这种自我安慰能够减少你的压力，让你将上一次的失利归咎于自己的失误，而不是别人的掠夺。

做人洒脱一点，活得就会更自由一点、更放松一点，当你发现自己被忌妒找上时，记得把思想从"缺乏"转移到"丰富"上，你就能够淡定了。

| 第三章　性格优化：别让性格的缺陷酿成人生的悲剧 |

多疑性格：迫使别人远离你

不久前，吴先生被调到集团下属外地企业去做业务经理，他认为这是明升暗降。"为什么要调离我？"他认为肯定有人从中搞鬼，"是上司忌妒我的才干，怕我有一天抢了他的位置。"吴先生为此愤愤不平，他觉得自己受到了排挤。上司总是说他搞不好同事关系，给他安排工作时异议又很多。"我为什么要理那些人呢？"吴先生觉得自己从来就没有做错过。

"这口气怎么咽得下去！"吴先生向老板投诉，表达自己的不满，诉说自己的委屈，"我要让他吃不了兜着走！"吴先生恨恨地想。女朋友劝他不要这样做，他不听，她说他心理不正常，吴先生一下子火了："我有什么问题，我看是你变心了！"这时他恍然想起，每次女朋友去单位，与那位上司之间好像都在眉来眼去。"对，他们一定是早商量好的，将我调走，这样他们就有更多的时间勾搭在一起了！我和他们没完！"事实上，每位与吴先生交往的女孩子都曾被他怀疑过，不是怀疑人家不忠，就是怀疑人家另有目的，所以即便吴先生长相不错，工作也不错，但直到30多岁的年龄，还没有一个女孩子能够与之达到谈婚论嫁的程度。

吴先生这种状态已经持续很久了，那还是他上高中的时候，虽然成绩很好，但人缘却非常差。为什么呢？因为吴同学总是觉得自己胜人一筹，又觉得别人都在忌妒自己的才能。他觉得别人看自己的眼光都是异样的。同学们受不了他，疏远他，他更认定自己的猜

想是正确的。他还爱顶撞老师，因为觉得老师有很多观点都是错误的，反而却来批评自己，他甚至认为老师都在忌妒自己。

这么多年，吴先生也没有一个真正长久的朋友，别人在与其短暂接触以后，都唯恐避之不及，吴先生也从不主动去与别人交往，他更乐于独处，那样似乎更安全。他怀疑一切，认为一切都隐藏着阴谋或者灰色地带。现在，他更是认为自己被人玩弄了，他恨这一切，同时他又认为，这是天妒英才。

猜疑是毫无根据地对一些自己并未完全了解的事情进行各种设想、猜测、主观加工，并对自己的"内心假定"信以为真。为什么会有猜疑心理呢？可以说，这也是人的一种本能。人类为了生存要抵制来自各方面的威胁，猜疑是人类为保护自己而做出的本能防御，从这个层面上讲，每个人都有可能在某些时候产生猜疑心理，如果程度较轻，现实感和自我功能都很好，就不会对生活造成很大的影响……然而，猜疑过度就是不自信、自卑的表现了，是防御心理的过度。这样的猜疑往往是对自己不利的、消极的。

吴先生的猜疑心理显然已经影响到了生活。他敏感多疑，对任何人都有很重的猜疑心，经常感到自己受到了别人的忌妒、陷害与攻击。从吴先生与女友的关系中也不难发现，他这个人虽然在一些方面也不失为强者，但总会无端自卑。对于吴先生来说，当前最重要的是认识到自身性格的缺陷及危害，提高自己对于社会和人际关系的认知，恢复交友活动，在交往中学会信任别人，逐渐消除自己的不安和多疑。

多疑的朋友可以从以下两个方面着手去调节自己的心理状态。

1. 进行积极的自我暗示。

可以在心里默念：一个人多疑偏执，不利于人际交往，因

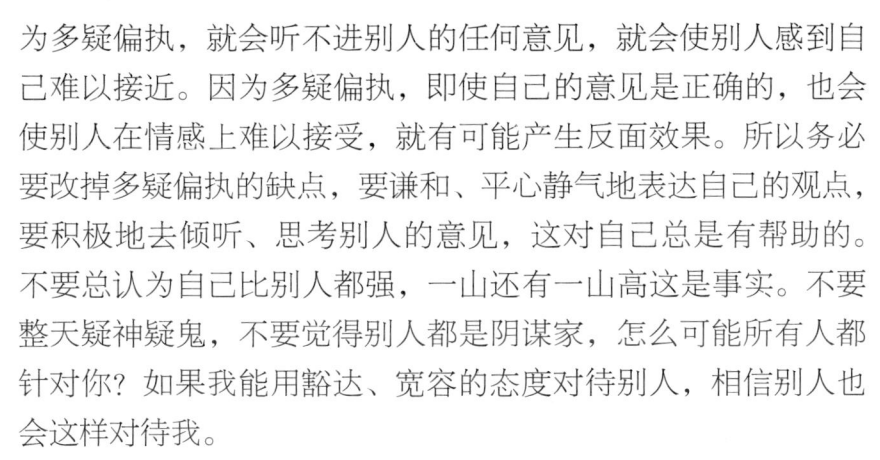

为多疑偏执，就会听不进别人的任何意见，就会使别人感到自己难以接近。因为多疑偏执，即使自己的意见是正确的，也会使别人在情感上难以接受，就有可能产生反面效果。所以务必要改掉多疑偏执的缺点，要谦和、平心静气地表达自己的观点，要积极地去倾听、思考别人的意见，这对自己总是有帮助的。不要总认为自己比别人都强，一山还有一山高这是事实。不要整天疑神疑鬼，不要觉得别人都是阴谋家，怎么可能所有人都针对你？如果我能用豁达、宽容的态度对待别人，相信别人也会这样对待我。

最好每天都默念一次，在大脑皮层兴奋性较低的早晨、午休或就寝前进行，坚持一段时间，偏执症状就会得到缓解，甚至有明显的改善。

2. 学会用自我分析法分析自己的一些非理性的观念。

每当对别人出现敌意观念时，马上分析一下是不是被非正常情绪卷入了"敌对心理"的旋涡；每当对别人心生猜忌时，马上分析一下是不是自己被卷入了"信任危机"之中，尽量保持客观的判断。如果答案是确定的，就要提醒和警告自己：不要再沉浸于"自我信任"之中了，这个世界更多的还是好人，很多人都是可以信赖的，不应该对所有人心存怀疑，否则就会失去所有人的信任，就会毁掉自己的生活。这种自我分析非理性观念的方法，在一定程度上可以阻止偏执行为，有时自己不知不觉表现了偏执行为，事后应抓紧分析当时的想法，找出当时的非理性观念，然后对自己作出警告，以防下次再犯。

冲动性格：头脑一热就犯了大错

有人曾说过一句颇为精辟的话——"冲动是魔鬼"。的确，冲动是魔鬼，人在"冲动"的驾驭下，往往会做出一些匪夷所思的举动，甚至不惜去触犯法律、道德的底线，为自己的人生抹下一道重重的阴影。

其实，人活于世，俗事本多，我们真的没有必要再去为自己徒增烦恼。遇事，若是能冷静下来，以静制动，三思而后行，绝对会为你省去很多不必要的麻烦。否则，你多半会追悔莫及。

生活中，很多人一旦受到外界刺激，就容易头脑发热，怒火中烧，于是失去理智，意气用事，以致害人害己，将人生置于无可追悔的地步，而且大多数人认为蒙辱不争、不斗，就是懦夫、软蛋、胆小鬼、窝囊废，让人瞧不起，所以，普通人对侮辱的承受能力是很小的，很多人在受到侮辱时的应激反应，不是反唇相讥，就是以命相拼，打个你死我活，只要争回了面子就好，后果如何，很少有人去想。

陈某与朋友在一家砖厂开车运砖。那天早晨8点多，二人开着农用车给附近一家照明企业运砖。当时，由于疏忽，车子与同来运砖的另一辆停着的农用车发生刮擦，造成对方的农用车大灯、反光镜等破裂。发生刮擦后，双方也谈妥了赔偿事宜，并让陈某载着对方的妻子去买配件。陈某驾车向城内开去，跑了两家配件

第三章 性格优化：别让性格的缺陷酿成人生的悲剧

店都没能买到相应的配件。在车子开向另一家汽配中心的途中，由于对方的妻子在车上一直唠叨，让陈某很是恼火，谁知这时车子又突然熄火，这无疑更加重了陈某心中的火气。他气急败坏地打开副驾驶车门，将对方妻子推出车外，塞给她30元钱，让她自己打车回去。对方妻子不依。陈某在将车子开上桥时，对方妻子一直用手攀住车门，并且大喊大叫。在下桥时，丧失理智的陈某猛踩油门，将她一下甩出车外，车后轮碾过她的身子。看到这情形，陈某自知闯祸了，开车就逃，并把车子藏了起来，然后乘车折回现场，看到地上一大摊血后，自知不妙的陈某逃往外地。

然而，天网恢恢，疏而不漏。在公安部门的大力侦破下，不几日陈某便落入法网，等待他的将是法律严厉的制裁。

只是为了生活中微乎其微的小事，一个生命就这样消逝，一个大好青年就这样身陷囹圄，等待陈某的不仅仅是法律的制裁，或许更多的会是良心的谴责。其实，如果双方当时都能对自己的情绪稍加控制，这起命案应该是不会发生的。

生活中像陈某这样爱冲动的人并不少。这些人只要情绪一上来，就什么都不顾，什么话难听说什么，什么事气人做什么，甚至不惜触犯法律，这是因为人的"情绪化"在作怪。

理论上说，人的行为应该是有目的、有计划、有意识的，这是人与动物的本质区别之一，但是，人的情绪化却能将这些全部颠覆，使人完全"跟着情绪走"，一遇什么不顺心的事，情绪就像一个打足了气的球一样，立即爆发出来；一旦自己的心理欲求无法满足，就会异常地愤怒。情绪化严重的人，给人的感觉就是——喜怒无常。

像陈某这样的人，应该学会正确地认知、对待社会上的各种矛盾。有很多情绪化行为都是由不会认知、不善处理人际矛盾引起的，所以一定要学会认识问题的方法，不能走极端，这样只能增加自己的暴戾情绪，使事情朝着更坏的方向发展；要学会全面观察问题，多看主流，多看光明面，多看积极的一面，从多个角度、多种观点进行多方面的观察，并能深入到现实中去；另一方面，要学会正确释放、宣泄自己的消极情绪，别让自己成为"高压锅"。

独尊性格：即使才华满腹也不受人欢迎

　　人到了一定岁数，无论是事业，还是财力，都有了不少的积累，这让我们很骄傲和自豪。随着职位在不断地上升，我们的家庭地位也得到了提升。这让我们觉得自己真的很重要，有些人甚至觉得，公司一旦没有了自己就不能正常运转，家里如果没有自己撑着，一定会是一团糟。其实，事情有的时候并不像我们想象的那样，这个世界没了谁都不会受到什么影响，如果有一天我们中的谁消失了，地球还是会该怎么转就怎么转。尽管有时老板总是夸奖你精明能干，但是有一天你离开了，他的公司大概也不会受到什么太大的影响。如果你觉得家里没有你的照顾就会乱七八糟，那不如就做个试验，消失两天看看，当你重新推开家门的时候，或许你就会发现，原来人家的生活可以说是井井有条，甚至多了几分轻松自在。

　　当然，这不是说我们在这个世界上从此就没有价值了，只是顺便给大家提个醒，当你看到天空辽阔的时候，就想想自己的渺小，当你站在川流不息的人群中时，就想想自己的平凡。是的，即便你认为自己再强大，也没有必要一定要把谁压过去，更没有必要端出一副没有我不行的架势。面对人生，谦卑是福，只有懂得谦卑的人，才能在这个世界上不断前进，不断地寻找到属于自己的人生价值。因为我们知道，自己的思想不是什么时候都正确，有些时候过分的自信是一种自负，它总是会把我们引向偏离正确轨道的另一个世界。

爱迪生说："有许多事我以为是对的，但是实验之后，我却错了，因此无论对任何事我都没有一种很自信的判定，如果某事临时让我觉得不对，我便可以马上抛弃。"一个人要具有随时能改变自己错误判断的勇气，这样才能使自己少犯错误。

不要说太过自信的话，这是一条很好的交际原则。假如你能坚持这一条原则，即使将来发现你曾经说过的话有错误时，也不必收回。你应该知道，你所表达的意思或信仰，毕竟还只是你个人的意见和信仰而已，而他人也还保留着他自己的意见与信仰，并且拥有取舍的权利。做到这一点，他人自然不会盯着你的错误不放，而你也不用为自己的面子而坚持错下去，这样一来，自然就避免了陷入唯我独尊的尴尬境地。

如果你的意见所依据的证据越不牢靠，就越容易导致武断和自以为是。过度的肯定，无非是想遮掩对自己意见的些许疑惑。假如你能够摆脱这种想法，就会养成"我和别人是平等的，我不应该用命令式而应该用协商式去和别人相处"的好习惯。

一位著名的心理学家曾经说过，男人和女人都不过是长大的小孩儿。

生理年龄无论有多大，也不可能事事都处理得娴熟自如，大人也会犯和小孩儿同样的错误。因此，人们在有些交际场合中，无意的失误是常有的事。有时不妨"有意破坏"一下自己的形象，拿自己开个玩笑，或"揭自己的短"，或许反而能够得到别人的喜爱，同时，还可以调节一下气氛，让别人觉得你平易近人。

在日常生活中，我们如果抛弃了唯我独尊，会得到意想不到的好处，而凡是逞强好胜的人，则往往不会受到欢迎。那些姿态高的"强人"们往往由于缺少人情味而让人们敬而远之，正所谓"人外有人，天外有天"，谁也不可能一直是常胜将军。自负的人习惯沉浸于虚无的胜利幻想中，他们往往因为一次的成功就自我满足，眼前闪现的永远是早已逝去的鲜花与掌声。他们把别人给予他们的荣誉看作是理所当然，不能静下心来想一想自己做了些什么，收获了什么。总认为曾经的成功能长久，总认为他人一直会甘拜下风。因此，他们自视清高、目中无人，更有甚者非但自己不思进取，还伺机嘲讽别人的努力，最终会因无法承受长期形成的心理压力，导致心理的扭曲。

唯我独尊的人往往把自己看得很重，在他们的视野内，没有人可以与自己相提并论。不可否认，其中很多人确实有才华、有能力，但是他们目空一切、志得意满，于是不求进步，最终导致了人生的失败。可以说，恃才傲物是他们的显著特征，他们孤芳自赏，不愿与人交流，故步自封，最后难免导致悲剧性结局。

当今时代的竞争就是性格的竞争，具有唯我独尊性格的人即使才华满腹，如不知克服性格缺点的话，也很难成功。我们只有坚定地采取谦卑的态度去经营自己的生活，经营自己的人生，才能搬开前进道路上由自己设置的那块过于"自我"的绊脚石，才能更和谐地和大家相处在一起，才能真正拥有属于自己的那份从容和幸福。

| 第三章　性格优化：别让性格的缺陷酿成人生的悲剧 |

懦弱性格：没有志气的可怜虫

前些年，一首《中国志气》曾经红遍大江南北，它能够如此扣人心弦，不仅仅是因为激昂的旋律以及歌手扎实的唱功，还有那志气昂扬的歌词。这首歌的歌词是这样的：祖先叫我要无愧那后人，爹娘叫我要对得气先人，我自个儿叫我要站着做人，鲤鱼那个跳龙门，跳过去我就是那龙的传人。中华好儿孙，落地就生根，脚踏三山和五岳，手托日月和星辰，来带一腔血，去带清白身，活着给祖先争口气，誓不留悔恨，有啥也别有病，没啥也别没精神，人有精神老变少，地有精神土生金，宁肯咱少长肉，瘦也得先长筋，男儿膝下有黄金，只跪苍天和娘亲。有啥也别有病，没啥也别没精神，人有精神老变少，地有精神土生金，宁肯咱少长肉，瘦也得先长筋，堂堂七尺男儿身，顶天立地掌乾坤！

毫无疑问，这就是对"好男儿"最好的诠释。当然，如今的社会男女平等，无论是男是女，我们都在追求着梦想、追求着成功，从这个意义上说，这首歌应该是对所有中华儿女的一种激励。也就是说，你的性别并不重要，但只要你有精气神在，你顶天立地做人的追求不变，那么你就是"大丈夫"或是"女豪杰"。相反，倘若你对自己的人生失去了信念，自暴自弃，甚至任人鱼肉，那么别人就只会视你为懦夫。

懦夫惧怕一切，怕压力、怕竞争，在对手或困难面前，他们往往不会坚持，而选择回避或屈服。懦夫也有自尊，但他们常常

更愿意用屈辱来换回安宁。

当初,宋太祖赵匡胤肆无忌惮、得寸进尺地威胁欺压南唐。镇海节度使林仁肇有勇有谋,听闻宋太祖在荆南制造了几千艘战舰,便向李后主奏禀,宋太祖是在图谋江南。南唐忠君人士获知此事后,也纷纷向他奏请,要求前往荆南秘密焚毁战舰,破坏宋朝南犯的计划。可李后主却胆小怕事,不敢准奏,以致失去防御宋朝南侵的良机。

后来,南唐国灭,李后主沦为阶下囚,其妻小周后常常被召进宋宫,侍奉宋皇,一去就得好多天才能放出来,至于她进宫到底做些什么,作为丈夫的李后主一直不敢过问。只是小周后每次从宫里回来就把门关得紧紧的,一个人躲在屋里悲悲切切地抽泣。对于这一切,李煜忍气吞声,把哀愁、痛苦、耻辱往肚里咽。实在憋不住时,就写些诗词,聊以抒怀。

李煜虽然在诗词上极有造诣,然而作为一个国君,一个丈夫,他是一个懦夫,是一个失败者。

对于胆怯而又犹疑不决的人来说,获得辉煌的成就是不太可能的,正如采珠的人如果被鳄鱼吓住,是不能得到名贵的珍珠的。事实上,总是担惊受怕的人不是一个自由的人,他总是会被各种各样的恐惧、忧虑包围着,看不到前面的路,更看不到前方的风景。正如法国著名的文学家蒙田所说:"谁害怕受苦,谁就已经因为害怕而在受苦了。"懦夫怕死,但其实,他早已经不再活着了。

做人,就要做得有声有色,堂堂正正,顶天立地,无论你内心感觉如何,都要摆出一副赢家的姿态。就算你落后了,保持自信的神色,仿佛成竹在胸,会让你心理上占尽优势,而终有所成。

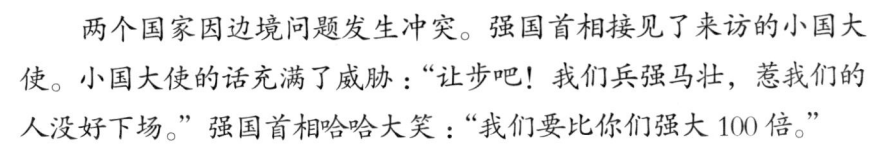

第三章 性格优化：别让性格的缺陷酿成人生的悲剧

两个国家因边境问题发生冲突。强国首相接见了来访的小国大使。小国大使的话充满了威胁："让步吧！我们兵强马壮，惹我们的人没好下场。"强国首相哈哈大笑："我们要比你们强大100倍。"

小国大使仍不示弱，继续恐吓对方："我国有25000人的精良部队，能够占领贵国。"

强国首相大笑："我们拥有的军队，人数多过你们100倍。"

谈判至此，小国大使显露慌张神色，表示必须先向国内请示之后，方能再继续谈下去。

当双方再度展开谈判时，小国大使的态度有了180度的转变，趋向妥协，转为向大国求和。

强国首相诧异对方的改变，以为小国受到己方国力强盛的震慑，故而细问小国大使求和的原因。

小国大使神色自若地回答："不是我们惧怕你们的兵力，而是我们的国土太小，实在容纳不下250万名的战俘。"这个故事看起来有点可笑，但从小国大使的身上你却更能够看到一种姿态，一种必胜的姿态。

有自信的人，从未想过失败。即使是像这个小国，实力如此薄弱，却依然考虑的是战胜后，狭窄的国土是否容纳得下为数众多的战俘。谁说弱者必败？

世上没有任何绝对的事情，懦夫并不注定永远懦弱，只要他鼓起勇气，大胆向困难和逆境宣战，并付诸行动，依然可以成为勇士。正像鲁迅所说："愿中国青年都摆脱冷气，只是向上走，不必听自暴自弃者流的话。能做事的做事，能发声的发声，有一分热，发一分光，就令萤火一般，也可以在黑暗里发一点光，不必等待炬火。"

第四章　习惯纠正：
坏习惯不注意，大麻烦来找你

　　成功的人通常都保有失败者不喜欢的习惯。因为他们乐意做自己并不十分乐意做的事情，以获得成功的果实。然而失败者却只是乐意做自己喜欢的事情，最后只能接受令人不甚满意的结果。成功与失败的最大区别来自不同的习惯，习惯好，它会帮助我们轻松地获得人生快乐与成功；习惯不好，它会使我们的一切努力都变得很费劲，甚至能毁掉我们的一生。

习惯好才是真的好

习惯是人们在不经意间积累起来的思想行为,它默默无声地生长、发芽、开花、结果。好习惯可以开出芬芳的花朵,长出香甜的果实;坏习惯或许会使花儿枯萎或是果实酸涩。一个人的习惯,在一定意义上反映着他的文化教养和精神追求。不同时代、不同民族、不同文化修养的人,在习惯上有很大的不同。许多心理学家一致认为,习惯实际上不仅仅影响我们的个人生活,也在引导着整个社会结构的心理机制的改变。

习惯的力量起初看起来似乎很微弱,弱如一滴水、一段绳,几乎让人们感觉不到它的存在,但绳锯木断、水滴石穿,习惯的力量就存在于类似断木与穿石这种持之以恒、坚持不懈的重复之中,等你能够感觉到它确实存在的时候,它的力量已经大得足以撼动山岳了。

在现实生活过程中,习惯可以说是无处不在。好的习惯是成功的基石、是成功的源泉,养成良好的习惯,才不会被自己打倒;坏的习惯是害群之马,是我们成为成功人士的绊脚石。

好习惯源于自我培养,我们一生中,脑部神经随时都在驱使我们做出相关的动作。这种动作在相同环境下不断重复,便使我们不自觉地产生了习惯。

好的习惯人人都想拥有,但最主要的问题是我们能不能坚持。对于一个独立的人来说,习惯的形成大部分需要自己的努力。习惯对于人类生活的重要性，超乎人们的想象。

习惯并不意味着僵化，它也可能意味着活力，更意味着秩序和节约。反射作用是自然而然的节省法，为脑神经提供了休息的机会，毕竟还有更重要的工作等着它去做。

要养成习惯，假若不用科学的方法，而仅凭一时的意识，那只会使你感觉到累而生厌，习惯有赖于科学方法来支持。我们在习惯中淡忘曾有过的意识和幻想，又在习惯中实现其他的梦想。我们今天做的，就是昨天已经做的。

习惯性的生活会使你感到有十足的精力和良好的生活空间。习惯成自然，自然成人生。在你的生活习惯中，你会使自己的性格、兴趣、爱好、理想都得到体现。

假如你要把一种行为养成自己的习惯，而这种行为对你又是如此陌生，那么，请你记住："多做几次就好！"习惯的养成，仅是动作的积累，脑神经指令的重复。这样的行动你做得越多，脑神经所受的刺激与记忆也就越深，你的反应也会更加熟练，好的习惯便属于你了。

但是，习惯也会成为你生活中的暴君。生活方式的不同，自然要求有不同的生活习惯与之相适应。假如说这两者之间发生了深刻的矛盾，我们便说这种习惯是一种坏习惯，是与我们的习惯宗旨相违背的。在这时，我们需要把它摒弃，用另外一种更健康、更有序、更有效的习惯来取而代之。

任何一个人都有自己后天所培养的习惯，而成为与其他人有所不同的个体。可是，有时你必须审查自身所有的习惯是否有益。假若是好习惯，请坚持下去；假如发现你的习惯是不好的，一定要试着改变它。

有时，一个坏的习惯一旦定型，它所产生的后果是难以想象的，习惯这种力量往往是巨大而无形的。当你感觉到它的坏处时，很可能想抵制却已经来不及了。

然而，一个好的习惯也可以产生巨大的力量。假如你反复地重复着一件有益的事，渐渐地你就会喜欢去做。这样一来，所有的困难都显得微不足道了。要知道，习惯的力量可以冲破困难的阻挠，帮助你走上成功的道路。

比尔·盖茨认为，是四种良好的习惯——守时、精确、坚定与迅捷造就了成功的人生。假如你没有守时的习惯，你就会浪费时间、空耗生命；没有明确的习惯，你就会损害自身的信誉；没有坚定的习惯，你就无法把事情坚持到成功的那一天；而没有迅捷的习惯，原本可以帮助你赢得成功的良机，就会与你擦肩而过，并且很有可能永不再来。

当你播种一种行为，你就会收获一种习惯；当你播种一种习惯，你就会收获一种性格。

好的习惯主要依赖于人们的自我约束能力，或者说是依靠他人对自我欲望的否定，然而，坏的习惯却像杂草一般，随时随地都会生长，同时它也阻碍了美德之花的成长，使一片美丽的园地变成了杂草丛生的荒地。那些恶劣的习惯一朝播种，往往一生都难以清除。

一个人年轻时，尽管养成一种坏习惯很容易，但相对地，要养成一种好习惯几乎同样容易；而且，就像恶习会在邪恶的行为中变得严重一样，良好的习惯也会在良好的行为中得到巩固与发展。

当你运用这一法则的时候，连同积极心态一起应用，所产生的力量是巨大的，而这就是你思考、致富或实现任何你所希望的事情的根本驱动力。

或许你并没有很好的天赋，但是，一旦你有了好的习惯，它一定会给你带来巨大的收益，很可能会超出你的想象。

| 第四章　习惯纠正：坏习惯不注意，大麻烦来找你 |

习惯依赖，你的双腿就会退化

俗语说得好——"流自己的汗，吃自己的饭，自己的事情自己干，靠天靠人靠父母，不算是好汉。"依赖，只能说是一种心理脆弱和不成熟的表现。

其实，很多事情不是自己力不能及，而是担心做不好，面子有失；其实，很多事情根本就是轻而易举，但只是你的性格太过懦弱，摆脱不了精神上的依赖。

长此以往，你的能力只会越来越差，你的信心只会越来越少，你甚至会丧失创造性、积极性以及主动性。

所以，无论是在生活中抑或学习中，在职场上抑或情感上，不妨大胆地去尝试摆脱依赖，放弃对别人过多的期望。你要相信自己的能力，在畏惧与沮丧之时，不要寻求外界的帮助，请试着无条件地挑战自己。

当然，摆脱依赖不等于盲目自信，你首先要让自己成为一个有实力的人，在生活实践中逐步提高"单兵作战"的能力。

请记住，没有谁会是你永久的靠山。命运就像掌纹一样，虽然弯曲杂乱，却只有你能掌握。无论环境何其艰苦，只要我们懂得自信、自立、自强，就一定可以写出一个工工整整的"人"字。

一名中国学生以优异的成绩考入美国一所著名学府。初来乍到，人地生疏，思乡心切，饮食又不习惯，他不久便病倒了。为

治病花了不少钱，学生的生活渐渐陷入窘境。病好以后，他来到一家餐馆打工，每小时有8美元的收入，但仅干了两天，他就嫌累辞了工。一个学期下来，身上的钱已然所剩无几，于是趁着放假，他便退学回了家。

在他走出机场时，远远便看见前来迎机的父亲。他兴奋地迎着父亲跑去，父亲则张开双臂准备拥抱久违的儿子。可就在父子相拥的一刹那，父亲突然退后一步，他扑了个空，重重摔倒在地上。他不解，难道父亲为自己退学的事动了大怒？下一秒，父亲将他拉起，语重心长地说道："孩子你记住，这个世界上没有任何一个人会做你的永久靠山。你要想生存，想在惨烈的竞争中胜出，就只能靠你自己！"随后，父亲递给他一张返程机票。他万里迢迢回到家乡，却连家门都没入便返回了学校。从此，他发愤学习，竭力适应环境。一年以后，他斩获了院里的最高奖学金，并在一家具有国际影响力的刊物上发表了数篇论文。

在这个世界上，没有人注定是个失败者，在人生这个竞技场上，能否超越自我，脱颖而出，关键要看你对于生活抱有一种什么样的态度，关键要看你怎样去经营自己的人生。如果只知怨天尤人、不思进取，将全部希望寄托于别人的帮扶，那么，你注定是要被淘汰的。

对自己有绝对信心的人，可以克服任何的困难与挫折。他们的眼光，只定位在成功的一方；信心正确地引导着他们，一路披荆斩棘奋勇直前。

| 第四章　习惯纠正：坏习惯不注意，大麻烦来找你 |

习惯懒惰，是对生命的浪费

懒惰是导致生命失去创造力的最重要因素之一。一个人若是慵懒成性，那么无疑是在浪费生命。这样人的行动不积极、讨厌作决定、想方设法逃避本应承担的责任，而他们惯用的伎俩便是——借口；他们最常见的行为便是——拖延！而拖延更是会带来无法挽回的损失。

譬如，一位公司老总因为没有及时决策而遭遇滑铁卢；一位主妇因为总是不及时做家务而导致丈夫的怨怒，最终感情破裂；一位患者因为不及时去医院而错过了治疗的最佳时机……这一切都是懒惰惹的祸！

懒惰的人生给人一种难以言表的疲乏滋味，懒散之人往往会一事无成。他们的可悲之处在于，太过固执于自己的惰性，固守着一成不变的生活，以至于形成惯性思维，只知安于现状，却不肯勤奋一点，对自己的生活做出改变，结果导致自己的人生停滞不前，逐渐为社会所淘汰。

须知，在突飞猛进、竞争激烈的时代，懒惰地墨守成规，安于现状，只依靠过去的经验"混日子"，显然是不行的。它就会令你失去很多机会，失去竞争能力，从而失去成功的可能性。你不能再留恋舒适但危险性十足的现状了，你必须突破自我，重新塑造自我，必须有意识地去培养自己的应对能力及竞争力，只有这样，你才能达成自己的人生目标。

很久以前，武夷山上有两块大石，它们相伴千载，看尽人世沧桑、六道轮回。

一天，一块石头对另一块说："不如我们去尘世磨炼磨炼吧，能够体验一下世间的坎坷及磕碰，也不枉来此世一遭。"

后者不屑说："何必去受那份苦呢？在此凭高远眺，数不尽的美景尽收眼底，青山翠柏、香茗异草陪伴身旁，何等惬意！再说，这一路碰撞不断、磨难重重，会令我们粉身碎骨的！"

于是，前者晃动身躯，顺山溪滚滚而下，一路左磕又碰，周身伤痕累累，但它依然执着地向前奔波，终入江河，承受着流水与岁月的打磨。

后者嗤之以鼻，安立于高山之上，看盘古开天辟地时留下的风光美景，享风花雪月的畅意情怀。

又过千载，前者在尘世的雕琢、锤炼之下，成为稀世珍品、石艺奇葩，受万人瞻仰。后者得知，亦想效仿前者，入尘世接受洗礼，赢得世人赞叹。但每每想到高山上的安逸、享乐，想到尘世的疾苦，想到粉身碎骨的危险，它便不舍了、退却了。

再后来，世人为更好地珍藏石艺奇葩，决定为它及它的同伴建造一座别具一格的博物馆，建筑材料全部用石头，以突出"石"的主题。于是，世人来到武夷山上，将那块贪图安逸、贪图享乐的大石及很多石头砸成碎块，为前者盖起了一座"别墅"。后者痛哭，它终还是粉身碎骨，但碎得未免太不值得。

两块大石，因为选择，便有了不一样的命运。前者放弃享乐，甘受风霜洗礼、尘世雕琢，终得功成名就；后者放弃雕琢，沉于安逸，成了一块废料。那么，如果是你，你会放下什么、选择什么？

温室中的花朵，很少能够得到诗人的垂青；贪图安逸的"懒人"，只能一次又一次被人超越。正如一首歌中唱的那般——"不经历风雨，怎么见彩虹，没有人能随随便便成功。"

习惯推诿，你会被视作没有担当的懦夫

人即使再聪明也总有考虑不周的时候，有时再加上情绪及生理状况的影响，就会不可避免地犯错——估计错误、判断错误、决策错误。

人犯了错，一般有两种反应，一种是死不认错，而且还极力辩白；另一种反应是坦白认错。

第一种做法的好处是不用承担错误的后果，就算要承担，也因为把其他的人也拖下水而分散了责任。此外，如果躲得过，也可避免别人对你的形象及能力的怀疑。但是，死不认错并不是上策，因为死不认错的坏处比好处多得多。

遗憾的是，偏偏有一些人，从不知道自己有什么过错，甚至把错的也看成是对的。这是不能见其过的人。有一种人，明知自己错了，却甘于自弃，或只在口头上说错了，这是不能内省自讼的人。还有一种人，有错误也能责备自己，却下不了决心改正，这是不能改过的人。

在一次企业季度绩效考核会议上。

营销部门经理A说：最近的销售做得不太好，我们有一定的责任，但是主要的责任不在我们，竞争对手纷纷推出新产品，比

我们的产品好。所以我们也很不好做，研发部门要认真总结。

研发部门经理 B 说：我们最近推出的新产品是少，但是我们也有困难呀。我们的预算太少了，就是少得可怜的预算，也被财务部门削减了。没钱怎么开发新产品呢？

财务部门经理 C 说：我是削减了你们的预算，但是你要知道，公司的成本一直在上升，我们当然没有多少钱投在研发部了。

采购部门经理 D 说：我们的采购成本是上升了 10%，可是你们知道吗？俄罗斯的一个生产铬的矿山爆炸了，导致不锈钢的价格上升。

这时，A、B、C 三位经理一起说：哦，原来如此，这样说来，我们大家都没有多少责任了，哈哈哈哈。

人力资源经理 F 说：这样说来，我只能去考核俄罗斯的矿山了。

类似的情况在我们的生活中时有发生，有些人习惯将责任推给主客观原因，终归一句话可以点透："成功者找方法，失败者找理由。"其实与其推卸责任，不如去思考如何解决问题。

诚然，无论做什么事，我们都希望自己是对的。当我们得出正确的结论时，我们会感到特别高兴。但我们应该知道，在人们所做的事情中，很少有人能说哪些事情是百分之百正确或百分之百错误的。然而，不管是在学校也好，公司也好，还是从事政治活动或是在运动场上，我们所有的社会系统都只能容忍我们做出正确的事情。结果很多人都在充满防御的心理下长大，而且学会掩饰自己的错误。

其实，诚实认错，坏事可以变成好事。姑且不论犯错所需承担的责任，不认错和狡辩对自己的形象有强大的破坏性，因为不管你口才如何好，又多么狡猾，你的逃避错误换得的必是"敢做

| 第四章　习惯纠正：坏习惯不注意，大麻烦来找你 |

不敢当"之类的评语。最重要的是，不敢承担的错误会成为一种习惯，也使自己丧失面对错误、解决问题和培养解决问题能力的机会。所以，不认错的弊大于利。

1970年12月7日，时任德国总理的勃兰特以"伙伴"身份访问波兰，他此行的目的是促进两国关系的正常化。

波兰是第二次世界大战中第一个被德国以闪电战击溃的国家。据悉，在第二次世界大战期间，波兰共计死亡600余万人，其中包括300万犹太裔波兰人，当时的波兰与德国可谓仇深似海。

勃兰特在12月7日当天，首先代表德国做了一件他前任所拒绝做的事情——与波兰签订《华沙条约》，承认奥德—尼斯河为德波国界，战后首次承认了波兰的领土完整。

随后，他来到华沙犹太人殉难纪念碑前，虔诚地为当年起义的遇难者献上花圈，在拨正花圈上的挽联后，勃兰特默默地后退几步，突然双膝一曲，跪倒在了纪念碑前。

这一跪并不是计划之中的做作之举，据勃兰特事后表示，他之所以跪倒在纪念碑前，是因为语言已经失去了表现力。

这一跪在德国国内引发了强烈反响，许多人因此而指责他。

这一跪对数百万的波兰遇难者表达了无与伦比的尊重，勃兰特承担了过去、现在和未来意义上的责任，令整个世界为之动容。

这一跪，勃兰特用自己的谦卑、寻求和解的至诚，将一个崭新的、自由民族和平的德国展现在了世人面前，令德波和解掀开了一页新的篇章。

40年后的同一天，2010年12月7日，当现任德国国家总统武尔夫再度来到华沙犹太人殉难纪念碑前敬献花圈时，他表示了

对勃兰特的无比尊敬。他称赞,这历史性的一跪是最伟大的和解姿态。

勃兰特这一跪为何能够引起如此大的反响?因为他让全世界看到了自己的真诚,历史的过错并不是因他而起,但作为一国元首,他必须承担起这份历史责任,他用这一跪向波兰乃至全世界人民道出了一句最为真诚的"对不起",他也因而得到了全世界人民的尊重。

其实,与其矢口否认,不如勇敢承担。若是大错,遮掩不住,狡辩无非是"此地无银三百两",令人对你心生嫌恶。若是小错,用狡辩去换取别人对你的嫌恶,更划不来。

习惯犹豫,只能为人生增添遗憾

倘若一个人总是太过拖沓,那么是很难有什么建树的。正所谓"机不可失,时不再来",这是任何人都明白的道理,但是总是有一些喜欢拖拉的人,他们面对机会总是犹豫不决,让机会白白地错过,仿佛在等待"最好的时机"。他们天天在考虑、在分析、在迟疑、在判断,迟迟下不了决心,总是优柔寡断,好不容易作了决定之后,又时常更改,不知道自己要的是什么,抓怕死,放怕飞。终于决定实施了,他们第一件事就是拖拉、不行动,告诉自己"明天再说""以后再说""下次再做"。即使采取了行动也是"三天打鱼,两天晒网"。这样的人,会永远一事无

| 第四章　习惯纠正：坏习惯不注意，大麻烦来找你 |

成,终生与失败为伍。

"明日复明日,明日何其多?我生待明日,万事成蹉跎。"没有什么习惯能够比拖拉更使人懈怠。它会损坏人的性格,消磨人的意志,使你对自己越来越失去信心,怀疑自己的毅力,怀疑自己的目标,怀疑自己的能力,从而让人变得一事无成。它还是人生的最大杀手,让人在生活和工作中忙乱不堪,让人失去与他人合作的机遇,更让人失去在工作和事业上成功的机会,从而让失败一直伴随着自己,让自己一事无成。

一件事情想到了就要赶快去做,千万不要犹豫不定,如果什么事情都要想到百分之百再去做的话,那么你就要落于人后了。有些事,并不是我们不能做,而是我们不想做。只要我们肯再多付出一分心力和时间,就会发现,自己实在有许多未曾使用的潜在的本领。

要使做事有效率,最好的办法是尽管去做,边做边想。养成习惯之后,你会发现自己随时都有新的成绩:问题随手解决,事务即刻办妥。这种爽快的感觉,会使你觉得生活充实,而心情爽快。

人生匆匆数十载,我们有太多的事情需要去尝试,犹豫,只会为人生平添遗憾。将犹豫从你的生命中挪开,想做的事情就趁早去做,这样你才能拥有一个无悔的人生。

有一位哲学家,他温文尔雅,谈吐不俗,令许多女人为之倾倒。

这天,一位容貌绝美、气质高雅的女子敲开他的房门:"让我来做你的妻子吧!相信我,我是这世上最爱你的女人!"

哲学家惊叹于她的气质,陶醉于她的美貌,更为她的真情所打动。毫无疑问,他同样为她而着迷,但他却说:"你让我再考虑一下!"

送走女子,哲学家找来纸笔,将娶妻与不娶妻的利弊一一罗列出来。结果发现,二者的利弊竟然不相上下。哲学家很是为难,他犹豫起来,不知如何是好,而这一犹豫就是整整4年。

4年后,哲学家得出这样一条结论:在难以取舍时,应该选择尚未经历过的。

于是,哲学家兴冲冲地来到女子家,对其父亲说道:"您女儿不在吗?那么请您转告她,我已经考虑清楚,我要娶她为妻!"

老人漠然说道:"你晚来了4年,我女儿如今已经是两个孩子的母亲了!"

数年后,哲学家郁郁而终。弥留之际,他吃力地写下这样一行字:若是将人生一分为二,前半生的哲学应是"不犹豫",后半生的哲学应是"不后悔"……

一个人在机遇面前倘若总是优柔寡断、犹豫不决,就会遭到机遇的鄙夷与抛弃。机遇才不会等你,你不抓住,它一定会跑向别人那里。

人的一生之中,能够斗志昂扬、精力充沛的黄金阶段并不多,与其年迈时空叹韶华白头、精力不再,不如怜取眼前时机,将遗憾从生命中彻底赶走。聪明人都很清楚,一次机遇对于一个普通人而言,是何等宝贵、何等重要!所以当机遇来临时,他们从不犹豫,伺机而动,一击即中,因而机遇也成就了他们。

| 第四章　习惯纠正：坏习惯不注意，大麻烦来找你 |

习惯炫耀，你会为自己的虚荣埋单

"伏久者，飞必高，开先者，谢独早"。一个人纵然资质卓绝，才高八斗，也不宜锋芒毕露，不妨装得笨拙一点；很多事情，即便我们心中非常清楚，也没有必要过于表现，最好用谦虚来收敛自己。很多人清高傲世、愤世嫉俗，常以白眼视人，这显然不是处世之道，孤芳自赏只会让更多的人排斥你，甚至是打击你，所以我们务必要使自己随和一些；当我们的能力得到赏识时，切不可过于激进，而应以退为进。若能做到这些，你大抵可以安身立命、高枕无忧了。

正所谓"显眼的花草易招摧折"，自古才子遭忌、美人招妒的事难道还少吗？所以，无论你有怎样傲人的资本，你都没炫耀显露的必要。要知道，一旦你大意了，张扬了，你或许本身并没有夸耀逞强的意思，但别人早已看你不顺眼。如若这时你还不能及时醒悟，赶紧用低调的策略保护自己，你就是在将自己置于吉凶未卜的旋涡急流当中，到时，即使你想抽身也难了。

所以，我们做人时刻都要留点心眼，你固然聪明，但也不要太过彰显，这样做除了能满足你那无谓的虚荣心，还能代表什么呢？相反，它反而会使你成为那根"出头的椽子"、那只"被枪打落的出头鸟"。退一步说，即便是在不掺杂任何竞争因素的朋友交往中，倘若你太不知分寸，凡事都要个明明白白，也一定不会受到欢迎。因为你在彰显聪明的同时，已然无形中贬低了别

- 87 -

人的智商，谁又会对此无动于衷呢？

　　三国时期的杨修，在曹营内任行军主簿，思维敏捷，甚有才名。有一次建造相府里的一所花园，才造好大门的框架，曹操前来察看之后，不置可否，一句话不说，只提笔在门上写了一个"活"字就走了，手下人都不解其意，杨修说："'门'内添'活'字，乃'阔'字也。丞相嫌园门阔耳。"于是再筑围墙，改造完毕又请曹操前往观看。曹操大喜，问是谁解此意，左右回答是杨修，曹操嘴上虽赞美几句，心里却很不舒服。又有一次，塞北送来一盒酥，曹操在盒子上写了"一合酥"三字。正巧杨修进来，看了盒子上的字，竟不待曹操说话自取来汤匙与众人分而食之。曹操问是何故，杨修说："盒上明书一人一口酥，岂敢违丞相之命乎？"曹操听了，虽然面带笑容，可心里十分厌恶。

　　在封建时代，统治者为自己选择接班人是一件极为严肃的事情，每一个有希望接班的人，不管是兄弟还是叔侄，可说是个个都红了眼，所以这种斗争往往是最凶残、最激烈的。但是，杨修却偏偏在如此重大的问题上不识时务，又犯了卖弄自己小聪明的老毛病。

　　有一次，曹操让曹丕、曹植出邺城的城门，却又暗地里告诉门官不要放他们出去。曹丕第一个碰了钉子，只好乖乖回去，曹植闻知后，又向他的智囊杨修问计，杨修很干脆地告诉他："你是奉魏王之命出城的，谁敢拦阻，杀掉就行了。"曹植领计而去，果然杀了门官，走出城去，曹操知道以后，先是惊奇，后来得知事情真相，愈加气恼。

　　曹操性格多疑，生怕有人暗中谋害自己，谎称自己在梦中好杀人，告诫侍从在他睡着时切勿靠近他，并因此而故意杀死了一个替他拾被子的侍从。可是当埋葬这个侍者时，杨修喟然叹道：

"丞相非在梦中,君乃在梦中耳!"曹操听了之后,心里愈加厌恶杨修,于是开始找碴要除掉这个不知趣的家伙了。

不久,机会终于来了!建安二十四年(219年),刘备进军定军山,老将黄忠斩杀了曹操的亲信大将夏侯渊,曹操自率大军迎战刘备于汉中。谁知战事进展很不顺利,双方在汉水一带形成对峙状态,使曹操进退两难,要前进害怕刘备,要撤退又怕遭人耻笑。一天晚上,心情烦闷的曹操正在大帐内想心事,此时恰逢厨子端来一碗鸡汤,曹操见碗中有根鸡肋,心中感慨万千。这时夏侯惇入帐内禀请夜间号令,曹操随口说道:"鸡肋!鸡肋!"于是人们便把这句话当作号令传了出去。行军主簿杨修即叫随军收拾行装,准备归程。夏侯惇见了便惊恐万分,把杨修叫到帐内询问详情。杨修解释道:"鸡肋,鸡肋,弃之可惜,食之无味。今进不能胜,退恐人笑,在此何益?来日魏王必班师矣。"夏侯惇听了非常佩服他说的话,营中各位将士便都打点起行装。曹操得知这种情况,大怒道:"匹夫怎敢造谣乱我军心!"于是,喝令刀斧手,将杨修推出斩首,并把首级挂在辕门之外,以为不听军令者戒。

锋芒外露,显然不是处世之道。自恃才华,放荡不羁,人们难免会觉得你轻浮、不靠谱,一不小心还会招致横祸。杨修如何?其人才思敏捷,聪颖过人,才华、学识莫不出众,单从他数次摸透曹操心思,足见其过人之处。然而,他恃才放旷、极爱显摆,最终落得个身首异处、命殒黄泉的下场。

"灵芝与众草为伍,不闻其香而益香,凤凰偕群鸟并飞,不见其高而益高。"人生于世,唯有善藏者,才能一直立于不败之地!

习惯妄言，你的诚信会碎一地

要想实现人与人之间信息的交换、情感的传递，语言是最重要的工具。所以，我们的语言要正确，要诚实，是就说是，不是就说不是，知道就说知道，不知道就说不知道；如果我们的语言不正确、不真实，那就不能担负起交换信息、传递情感的任务了。

古代周幽王有个宠妃叫褒姒，为博得她的一笑，昏庸的周幽王竟然视军令为儿戏，下令在都城附近20多座烽火台上点起烽火。众所周知，在古代战争中，烽火是边关报警的信号，只有当外敌入侵需召诸侯来救援的时候才可点燃。这下好了，宠妃看将士们手足无措的样子开心地笑了，却恼怒了率领兵将们匆忙救驾的各路诸侯们。5年之后，西北夷族犬戎大举攻周，周幽王再燃烽火。然而，诸侯将领们谁也不愿再上第二次当，无人应和。结果呢，幽王被逼自刎而褒姒也被敌人掳了去。

从个人的角度来说，诚实、实话实说，是做人最起码的道德要求；从社会的角度来说，人人相互欺骗，就会造成人们互相猜疑，社会秩序紊乱。所以，我们说话一定要诚实，说真话才能赢得人心。

曾看过这样一则哲理故事：

| 第四章　习惯纠正：坏习惯不注意，大麻烦来找你 |

有个国王，年龄大了，但没有儿子，打算从全国的儿童中选一个诚实的孩子做继承人。他把准备好的花籽（经沸水煮过的花籽）发给每个儿童，并说要是谁种出的花最好看，就选谁做儿子。有个孩子种的花始终都没有发芽，虽然辛勤管理，还是不出芽，因此十分着急。

到了国王要看花的日子，许多儿童都把自己的花捧了出来，形形色色，鲜艳夺目。只有这个孩子捧着没有花的泥盆站在一边。

国王问他："你的花呢？"孩子告诉国王，种上花籽后一直没有发过芽。国王听了十分高兴，对大家说："这个孩子很诚实，我选他做我的儿子了！"诚实的孩子最终取得了胜利。

由此可见，很多时候，比起有意地隐瞒、欺瞒，说真话更能赢得人心。林肯曾经说："你能在所有的时候欺瞒某些人，也能在某些时候欺瞒所有的人，但你不能在所有的时候欺瞒所有的人。"香港一家药品公司在国内报纸上登了一则药品广告，以这么一句话结尾："当然，大病还得看医生。"乍一看，这句话近似废话，甚至还有自揭短之嫌，然而他却能在消费者心理上起到意想不到的作用。这则广告说的是实话，因为这句话告诉人们，此药的疗效范围是有限的，或者说，我们的药有很强的针对性，并不是包治百病的灵丹妙药。所以这句话符合药物的特点和实际情况，具有很强的真实感，因而能够赢得人们的心。

其实说真话，就是说话符合客观实际，言之有物，不隐瞒、不臆造，不说空话、大话，同时说话要符合真情实感，怎么想就怎么说，说话人所表达的，是内心所想的，即"言为心声"，而不是心口不一或口是心非。说大话、说假话最终受害的只能是自己。

一个不说真话的人，事实上是不能与人沟通和交流的。即使在一段时间可能获得某种交际效果，但最终还是要付出代价的。我们小时候都听过"狼来了"的故事，试想，如果那个放牛娃懂

- 91 -

得"说话要诚实"的道理，就不会导致最后的悲惨结局了。

真诚最起码的要求是不说谎、不欺骗对方，但在复杂的社会和人生活动中，目的和手段是有一定的区别的。医生为了减轻病人的心理负担，往往会向病人隐瞒病情，给病人编造一套谎话，这样才更有利于治病救人、使病人早日康复。但在这种特定情况下，说谎就不是虚伪，而是一种更高、更深层次的真诚，是一种体现人道主义关怀的真诚。

说真话既是一种品质，也是一种有效的说话方法，这种方法就叫作诚实取胜法。所谓口才，是以说真话为前提的。能言善辩但满口假话，那就不是口才，而是诡辩。在日常生活中，我们一定要养成说真话的习惯，用真实的语言对待每一个人，不说谎，不虚假，言行一致，表里如一。

毫无疑问，欺诈是最令人深恶痛绝的行为之一。没有人喜欢被欺骗的感觉，同样，也没有人会喜欢谎话连篇的人，因为这样的人不靠谱、不值得信赖，难以托付。在人际交往中，如果想给对方留下好印象，那么请记住，说话一定要真诚，莫虚伪、莫做作。

习惯指责，没有人会愿意接近你

在待人处世中，人们最容易犯的一个错误就是随意指责别人，这也许是由于年轻气盛，也许是由于对自己的绝对自信。但不管怎样还是要提醒你，指责是对别人自尊心的一种伤害，是很

第四章 习惯纠正：坏习惯不注意，大麻烦来找你

难让人原谅的错误，如果你不想让身边有太多的敌人，那就请口下留情，别总去指责别人。

人的本性就是这样，无论他做得有多么不对，他都宁愿自责而不希望别人去指责他们。别人是这样，我们也是这样。在你想要指责别人的时候，你得记住，指责就像放出的信鸽一样，它总要飞回来的。因此，指责不仅会使你得罪了对方，而且也使得他可能要在一定的时候来指责你。即使是对下属的失职，指责也是徒劳无益的。如果你只是想要发泄自己的不满，那么你得想想，这种不满不仅不会为对方所接受，而且就此树了一个敌；如果你是为了纠正对方的错误，那为什么不去诚恳地帮助他分析原因呢？

有这样一则寓言：

一只小猪、一只绵羊和一头乳牛，被关在同一个畜栏里。有一天，牧人捉住小猪，小猪大声号叫，拼命反抗。绵羊和乳牛讨厌它的尖声号叫，便说："他常常捉我们，我们都没有大呼小叫过。"小猪听了回答："捉你们和捉我完全是两回事。他捉你们，只是要你们的毛和乳汁，但是捉住我，却是要我的命呢！"绵羊和乳牛听了，都默默不作声了。

每个人所处的立场、环境都各有不同，所以我们很难了解对方的感受。因此，对待他人，我们应更多地给予理解和关怀，而不是随意地指责批评。其实许多成功者的秘密就只在于他们从不指责别人，从不说别人的坏话。面对可以指责的事情，你完全可以这样说："发生这种情况真遗憾，不过我相信你肯定不是故意这么做的，为了防止今后再有此类事情发生，我们最好分析一下原因……"这种真心诚意的帮助，远比指责明显而有效。

另外，对于他人明显的谬误，你最好不要直接纠正，否则会好像故意要显得你高明，因而又伤了别人的自尊心。在生活中一定得牢记，如果是非原则之争，要多给对方以取胜的机会，这样不仅可以避免树敌，而且也许已使对方的心理得到了满足，于己也没有什么损失。口头上的牺牲有什么要紧，何必为此结怨伤人？对于原则性的错误，你也得尽量含蓄地进行示意。既然你原意是为了让对方接受你的意见，何必以伤人的举动来彰显自己。

假如由于你的过失而伤害了别人，你得及时向人道歉，这样的举动可以化敌为友，彻底消除对方的敌意，说不定你们今后会相处得更好。既然得罪了别人，当时你自己一定得到了某种"发泄"，与其待别人"回泄"来，不知何时飞出一支暗箭，还不如主动上前致意，以便尽释前嫌，演绎流传千古的"将相和"。

为了避免树敌，还有一点需要特别注意，这就是与人争吵时不要非争上风不可。请相信这一点，争吵中没有胜利者。即使你口头胜利，但与此同时，你又多了一个对你心怀怨恨的敌人。争吵总有一定原因，总为一定的目的。如果你真想使问题得到解决，就绝不要采用争吵的方式。争吵除会使人结怨树敌，在公众面前破坏自己温文尔雅的形象外，没有丝毫的作用。如果只是日常生活中观点不同而引致的争论，就更应避免争个高低。如果你一面公开提出自己的主张，一面又对所有不同的意见进行抨击，那可是太不明智了，这样会致使自己孤立和就此停滞不前。如果你经常如此，那么你的意见再也不会引起别人的注意，你不在场时别人会比你在场时更高兴。你知道得这么多，谁也不能反驳你，人们也就不再反驳你，从此再没有人跟你辩论，而你所懂得的东西也就不过如此，再难从与人交往中得到丝毫的补充。因为辩论而伤害别人的自尊心、结怨于人，既不利己，还有碍于人而使自己树敌，这实在不是聪明的做法。

第五章 时间运用：
懂得运用时间，可以丰富有限的生命

我们不知道时间从哪里开始，到哪里结束。时间是无限的，但对人来说是有限的，而偏偏它又是最最容易被人们忽视浪费的东西。时间运用好了，哪怕一秒钟也会产生不可估量的价值，但不去利用它，再多的时间也是一文不值。那些浪费时间的人，毫无疑问就是在缩短生命。虚度一寸光阴就是缩短一寸生命，而我们珍惜时间，就是在丰富有限的生命。

成功，从管理时间开始

时间是人类的永恒话题。"时间究竟是什么？没有人问我，我倒清楚，有人问我，我想说明时，便茫然不解了。"中世纪哲学家奥古斯汀如是喟叹。当然，我们无须像哲学家那样做如此深奥的思考，简单而又实际地说，时间对于学者而言，就是价值。学者只有珍惜时间才能全力以赴研究学问，开拓新的知识天地，推进人类文明的发展，同时也从中创造自己的价值。相反，如果不珍惜时间，占着位置不作为，非但会毁了自己的前程，还会给国家造成损失。

时间对于军事学家而言，就是胜利。兵贵神速，争取时间，就是争取胜利。这关系着军队、祖国的生死存亡，也关系着一个国家、一个民族的命运。

时间对于经济学者而言，就是财富。经济讲究的是效率和效益，在市场经济中，往往是快人一步、领先一路。反之，如果工作懈怠，当一天和尚撞一天钟，一杯茶一包烟、一份报纸看半天，那么财富就会随着时间的流逝而溜走，人生也只能碌碌无为。

对待时间的态度，决定着一个人的命运，并且显示巨大的不同。我们的手中，握着的可能是失败的种子，也可能是成功的无限潜能，结果由我们自己来决定——浑浑噩噩混日子必将一事无成，全力以赴奔前程，时间就会为你创造永恒。成功是要从珍惜时间开始的！

| 第五章　时间运用：懂得运用时间，可以丰富有限的生命 |

鲁迅的成功，有一个重要的秘诀，就是珍惜时间。鲁迅12岁在绍兴城读私塾的时候，父亲正患着重病，两个弟弟年纪尚幼，鲁迅不仅经常上当铺、跑药店，还得帮助母亲做家务；为免于影响学业，他必须作好精确的时间安排。

此后，鲁迅几乎每天都在挤时间。他说过："时间，就像海绵里的水，只要你挤，总是有的。"鲁迅读书的兴趣十分广泛，又喜欢写作，他对于民间艺术，特别是传说、绘画，也深切爱好；正因为他广泛涉猎，多方面学习，所以时间对他来说，实在非常重要。他一生多病，工作条件和生活环境都不好，但他每天都要工作到深夜才肯罢休。

在鲁迅的眼中，时间就如同生命。"美国人说，时间就是金钱。但我想：时间就是性命。倘若无端地空耗别人的时间，其实是无异于谋财害命的。"因此，鲁迅最讨厌那些"成天东家跑跑，西家坐坐，说长道短"的人，在他忙于工作的时候，如果有人来找他聊天或闲扯，即使是很要好的朋友，他也会毫不客气地对人家说："唉，你又来了，就没有别的事好做吗？"

王亚南小时候胸有大志，酷爱读书。他在读中学时，为了争取更多的时间读书，特意把自己睡的木板床的一条腿锯短半尺，成为三脚床。每天读到深夜，疲劳时上床去睡一觉后迷糊中一翻身，床向短脚方向倾斜过去，他一下子被惊醒过来，便立刻下床，伏案夜读。天天如此，从未间断。结果他年年都取得优异的成绩，被誉为班内的三杰之一。他由于少年时勤奋刻苦读书，后来，终于成为我国杰出的经济学家。

人生有两项最宝贵的资产，一个是头脑，一个是时间。无论你做什么事情，即使不用脑子，也要花费时间。因此可以说，时间才是组成生命的核心因素。在瑞士，婴儿降生，医院就会在户

- 97 -

籍卡中输入孩子的姓名、性别、出生时间及家庭住址。由于婴儿和大人用统一规格的户籍卡，因此每一个婴儿都有"财产状况"这一栏。瑞士人在为自己的孩子填写拥有的财产时，写的都是"时间"。他们认为，对一个人，尤其是对一个刚出生的孩子来讲，他们所拥有的财富，除时间外，不会有其他东西。

　　遗憾的是，在我们的生活中，有太多的人总是在消磨时间、混时间、甚至"杀"时间。他们忽视了时间的珍贵，所以也很难从时间那里得到富贵。有道是"莫等闲，白了少年头，空悲切！"在人的一生中，时间是最容易流逝的。时间贯穿于人的一生，我们的生命价值及意义不可能脱离有限时间的束缚，所以对时间的认知以及用它来创造价值的能力，就显得非常重要。那么我们要做的就是，学会管理好自己的时间：我们无法阻止时间的流逝，但是我们可以最大化地利用时间。时间有限，不只是由于人生短促，更由于人事纷繁，我们应该尽力用可以利用的所有时间去做最有意义的事情。

你的时间被谁偷走

　　或许某一天你惶然从梦中惊醒，才发现自己已然年龄不小，可是离自己想要的生活还相差那么远，你不停地问自己："我为自己、我为谁人做过什么？"然后你绞尽脑汁想不出个所以然。看起来，在你的生命中，有用的时间太少，闲置的时间太多。难道曾经的岁月是场梦，是场转瞬即逝抓不住的梦？那么是谁抹去了我们曾经的岁月？又是谁偷走了我们曾经的时间？其实，谁也偷不了岁月和时间。而真正的元凶恰恰是我们自己，是我们自己不知道珍惜。

有这样一则故事，无疑是在我们不懂得珍惜时间的脑袋上重重地敲了一下：

有一天，在富兰克林报社商店，一位顾客问道："小姐，请问这本书售价是多少？"

"哦，1美元。"

"1美元，还打折吗？"

"对不起先生，这是最低售价。"

顾客沉思片刻："请问富兰克林先生在吗？"

"是的，他在，正在印刷室工作。"

"那么我想见见他。"在顾客的一再要求下，店员只好将富兰克林请出来。

"请问富兰克林先生，这本书的最低售价是？"

"1美元25分。"富兰克林立即答道。

"刚刚店员告诉我是1美元。"顾客有些不满。

"是的，但我宁可给你1美元，也不想中断工作。"

"那么富兰克林先生，这本书到底多少钱？"

"1美元50分。"

"怎么？"

"这是我现在能给出的最低售价。"

顾客无语，到柜台交了钱，默默地走出书店。

毋庸置疑，富兰克林先生用自己的言语和行动，给那位顾客上了一堂人生课。他想告诉对方：对于立志成功者而言，时间就

是金钱。对于时间，我们只能珍惜，不能浪费。

　　时间这东西，最快而又最慢，最长而又最短，最平凡而又最珍贵，最易被忽视而又最令人难忘的东西。一步步、一程程已经离开；一秒秒、一分分已经过去；一年年、一代代不再回来。在你的生活发霉腐烂，在你无限制地挥霍生命之时，你可曾想过，时间对于我们而言意味着什么？答案是胜利。田径比赛以快取胜；自由搏击以快打慢，先下手为强；商场竞争已从"大鱼吃小鱼"变成"快鱼吃慢鱼"。在这个世界上，大而慢等于弱，小而快可变强，大而快王中王！快就就意味着机遇，快就代表着效率，无数个快速抓住的瞬间成就了人生的强悍。

　　你可能还有辩词，表示人生是一场马拉松比赛，先松后紧也未尝不可。可是，如果你每天落后别人半步，一年后就是一百八十三步，十年后即是十万八千里。那么就算你甩断膀子、跑断腿，你也决然不会赶上人家。竞争的实质，就是在最快的时间内做最好的东西，人生最大的成功，就是在有限的时间内创造无限的价值。最快的冠军只有一个，任何领先，都是时间的领先！有时我们慢，不是因为我们不快，而是因为对手更快，那么你就必须让自己更加紧迫起来。

　　每一天早上，非洲的大草原上从睡梦中醒来的羚羊都会告诉自己："赶快跑！"因为如果跑慢了，就很有可能被狮子吃掉！每一只从梦中醒来的狮子也会告诉自己："赶快跑！"因为如果慢了，就很有可能会被饿死！那么每一天早上，你从睡梦中醒来，也应该及时告诉自己："赶快跑！"因为"盛年不重来，一日难再晨。及时当勉励，岁月不待人。"假如说，你还想在短短的数十春秋内有那么一丁点值得称道的作为，那么赶早不要赶晚。

　　真希望我们都能好好珍惜所拥有的一切，不要让岁月蹉跎，不要让时间被挥霍，不要让自己的生命中拿不出一丁点像样的东西。其实时间是最公平合理的,它从不多给谁一分。勤劳者能叫时间留下串串果实,懒惰者只能叫时间留下一头白发,两手空空。"许多人都是这样度过了一生,这叫平淡。"也许你会这样说。但没有人告诉你吗?平淡绝不意味着平庸,在繁杂的人生中,我们的确需要一些淡泊的情怀,但你不能将其与游手好闲、碌碌无为等同。

茫然四顾,时光荒度

　　三心二意只会浪费时间,只有专心致志,才能充分利用时间,实现人生理想。弈秋是全国很出名的棋师,他教两个学生下棋,学生甲专心致志地听弈秋教导,眼观、耳听、深入思考,很快把棋艺学到了手;学生乙虽然表面上似乎在听,可心不在焉,"一心以为有鸿鹄将至,思援弓缴而射之",结果白白浪费时间,什么也没学到。

　　常言说得好"能成事者立长志,不成事者常立志"。在这个世界上,希望改变自身状况、希望事有所成的人比比皆是,但真正能够将这种欲望具体化为一个清晰的目标,并矢志不移地为之奋斗的人却很少,他们在不断更换目标的同时,把宝贵的时间不经意地就浪费掉了,所以到头来,欲望终究只是欲望而已。

　　一个名叫贾金斯的年轻人看到有人在钉栅栏,便走过去帮

忙。钉了几下，他觉得木头不够整齐，于是便找来一把锯；锯几下之后，他又觉得锯不够快，又去找锉刀；找到锉刀才发现，必须要给锉刀装上一个合适的手柄；这样一来，就免不了去砍棵小树；而要砍小树必须要把斧头磨快；要将斧头磨快，首先就要把磨石固定好；固定磨石要有支撑用的木板条，制作木条还需要木工用的长凳……贾金斯决定去求借所需要的工具，这一去就再也没回来。

贾金斯其人无论做什么都不能从一而终。他曾一心学习法语，但要完全掌握法语，必须对古法语有所了解，而要学好古法语，首先就要通晓拉丁语。

接下来贾金斯又发现，学好拉丁语的唯一方法，就是掌握梵文，于是他又将目标转向梵文。如此一来，真不知何年何月才能学会法语了。

贾金斯的祖上为他留下了一些财产，他从其中拿出10万美元创办煤气厂，但原材料——煤炭价格昂贵，令他入不敷出。于是，他以9万美元将煤气厂转让，继而投资煤矿。这时他又发现，煤矿开采设备耗资惊人。因此，他将煤矿变卖，获得8万美元，转投机器制造业……就这样，贾金斯在各相关工业领域进进出出，却始终一事无成。

他的情况越来越差，最后不得不卖掉仅存的股份，用来购买了一份逐年支取的养老金。然而，伴随着支取金额的逐年减少，他若是长命百岁，肯定还是不够用的。

贾金斯的失败在于，他的目标总是在不停地变动，如此一来，就不得不在各个目标之间疲于奔命，这样做除了空耗财力、物力，空耗时间与人生，还能有什么呢？

所谓"样样通样样松""诸事平平，不如一事精通"，这是一种规律。戴尔·卡耐基在分析众多个人失败案例以后，得出这样一条结论——"年轻人事业失败的一个根本原因，就是精力太分散。"这是一个不争的事实，很多人生中的失败者，都曾在多个行业中滑进滑出。试想，倘若他们能够将精力集中在一点，在一个行业里孜孜不倦地奋斗10年、20年，又何愁不成为个中翘楚呢？

竞争时代，快人一步两重天

有个人在家里看《动物世界》，上面讲大海里有一种极为聪明的鱼，这种鱼平常游玩时总是喜欢跟另一种鱼在一起，因为那种鱼比较笨，游泳速度也比它们慢。这样，当遇到鲨鱼时，它们便能用那种鱼作掩护。在鲨鱼停下来吞食那种鱼时保证自己全身而退。

"真聪明！"这个人赞叹道。

可是他万万没想到，前几天看过的电视节目会在现实生活中用上。那天傍晚，他去附近的树林里散步，遇到了一个伐木工人，于是两个人便攀谈起来，正当他们兴致勃勃地聊家常时，"嗷"的一声，一只体形肥大的黑熊出现了。那只熊一看就是好几天没吃东西的样子，双眼放着凶光向他们扑过来。

两个人都吓坏了，伐木工人打着哆嗦，一个劲儿地重复"上天保佑，上天保佑"。危急关头，这个人突然想起了那天看的《动物世界》，心里顿时有了主意，于是爬起来迅速向前跑去。伐木工人在后面紧紧地追着，一边追一边喊："你跑那么快干吗？

再快能快过那头饿熊？"

"不，"这个人一边跑一边说道，"我不是想跑过熊，只是想跑过你。"

这个小故事的情节虽然残酷近乎无情，但却真实。在残酷的生存竞争中，很多时候，我们只需要比别人快一步即可！对于竞争而言，时间是战胜对手的一个重要因素，谁在时间上领先一步，谁就有可能取得节节的胜利。比尔·盖茨在软件的开发上所表现出来的眼光与胆识，就是很好的说明。而他也一再表示，现在的商业竞争，没有什么秘密可谈，谁能在最短的时间内，发挥出自己的优势，谁就能领先一步。

"永远比人快一步"是微软在多年的实战中总结出来的一句名言。这句名言在微软与金瑞德公司的一次争夺战中，表现得尤其明显。

金瑞德公司根据市场需求，经过潜心研制，推出了一套旨在为那些不能使用电子表格的客户提供帮助的"先驱"软件。这是一个巨大的市场空白，毫无疑问，如果金瑞德公司成功，那么微软不仅白白让出一块阵地，而且还有其他阵地被占领的危险。

面对这种情况，比尔·盖茨感到自己面临的形势十分严峻，他为了击败对手，迅速做出了反应！秘密地安排了一次小型会议，把公司最高决策人物和软件专家都集中到西雅图的苏克宾馆，整整开了两天的"高层会议"。

在这次会议上，比尔·盖茨宣布会议的宗旨只有一个，那就是尽快推出世界上最高速的电子表格软件，以赶在金瑞德公司之前占领市场的大部分资源。

微软的高级技术人员在明白了形势的严峻性之后，纷纷主动请缨，比尔·盖茨在经过反复地衡量之后，决定由年轻的工程师麦克尔挂帅组建一个技术攻关小组，主持这套软件的技术开发。麦克尔与同人们在技术研讨会议上透彻地分析和比较了"先驱"和"耗散计划"的优劣，议定了新的电子表格软件的规格和应具备的特性。

为了使这次计划得到全面的落实和执行，比尔·盖茨没有隐瞒设计这套电子表格软件的意图，从最后确定的名字"卓越"中，谁都能够嗅出挑战者的气息。

作为这次开发项目的负责人，麦克尔深知自己肩上担子的分量，对于他来说，要实现比尔·盖茨所号召的"永远领先一步"，首先意味着要超越自我，征服自我。

但是，事情的发展从来都不是一帆风顺的，现实往往出乎人们意料。

1984年的元旦是世界计算机史上一个影响深远的里程碑，在这一天，苹果公司宣布它们正式推出首台个人电脑。

这台被命名为"麦金塔"的陌生来客，是以独有的图形"窗口"作为用户界面的个人电脑。"麦金塔"以其更好的用户界面走向市场，从而向IBM个人电脑发起攻势强烈的挑战。

比尔·盖茨闻风而动，立即制定相应的对策，决定放弃"卓越"软件的设计。而此时，麦克尔和程序设计师们正在挥汗大干、忘我工作，并且"卓越"电子表格软件也已初见雏形。经过再三考虑，比尔·盖茨还是不得不作出了一个心痛的决定，他正式通知麦克尔放弃"卓越"软件的开发，转向为苹果公司"麦金塔"开发同样的软件。

麦克尔得知这一消息后，百思不得其解，他急匆匆地冲进比尔·盖茨的办公室：

"我真不明白你的决定！我们没日没夜地干，为的是什么？

金瑞德是在软件开发上打败我们的！微软只能在这里夺回失去的一切！"

比尔·盖茨耐心地向他解释事情的缘由：

"从长远来看，'麦金塔'代表了计算机的未来，它是目前最好的用户界面电脑，只有它才能够充分发挥我们'卓越'的功能，这是IBM个人电脑不能比拟的。从大局着眼，先在麦金塔取得经验，正是为了今后的发展。"

看到自己负责开发研究的项目半路夭亡，麦克尔不顾比尔·盖茨的解释，恼火地嚷道："这是对我的侮辱。我绝不接受！"

年轻气盛的麦克尔一气之下向公司递交了辞职书。无论比尔·盖茨怎么挽留，他也毫不松口。不过设计师的职业道德驱使着他尽心尽力地做完善后工作。

麦克尔把已设计好的部分程序向麦金塔电脑移植，并将如何操作"卓越"制作成了录像带。之后，便悄悄地离开了微软。

爱才如命的比尔·盖茨，在听说麦克尔离开微软后，在第一时间里立即动身亲自到他家中做挽留工作，麦克尔欲言又止，始终不肯痛快答应。盖茨只好怀着矛盾的心情离开了麦克尔的家。

麦克尔虽然嘴上说不回微软，但他的内心不仅留恋微软，而且更敬佩比尔·盖茨的为人和他天才的创造力。

第二天，当麦克尔出现在微软大门口时，紧张的比尔·盖茨才算彻底松了一口气："上帝，你总算回来了！"

感激之情溢于言表的麦克尔紧紧拥抱住了早已等候在门前的比尔·盖茨，此后，他专心致志地继续"卓越"软件的收尾工作，还加班加点为这套软件加进了一个非常实用的功能——模拟显示，比别人领先了一步。

嗅觉灵敏的金瑞德公司也绝非无能之辈，他们也意识到了"麦金塔"的重要意义，并为之开发名为"天使"的专用软件，而这，才正是最让盖茨担心的事情。

微软决心加快"卓越"的研制步伐，抢在"天使"之前推出"卓越"系列产品。半个月后，"卓越"正式研制成功，这一产品在多方面都远远超越了"先驱"软件，而且功能更加齐全，效果也更完美。因此，产品一经问世，立即获得巨大的成功，各地的销售商纷纷上门订货，一时间，出现了供不应求的局面。

此后，苹果公司的麦金塔电脑大量配置"卓越"软件。许多人把这次联姻看成是"天作之合"。而金瑞德公司的"天使"比"卓越"几乎慢了3周。这3周就决定了两个企业不同的命运。

商战中，时间上的竞争优势常常可以决定一个企业的生死命运。"卓越"的领先3周很清楚地证明了这一点。人生的竞争也与此相同，只不过有时不太明显。但需要有志者清楚地看清这一点，尽早积蓄力量，以备作战。

巧妙运用，让时间更有价值

能做更多的事情，并不一定是比别人有更多的空闲时间，而是比别人使用时间更有效率。成功或是失败，很大程度上取决于你怎样去分配时间，一个人的成就有多大，要看他怎样去运用自己的每一分时间。

A与B同住在乡下，他们的工作就是每天挑水去城里卖，每桶 2 元，每天可卖 30 桶。

一天，A 对 B 说道："现在，我们每天可以挑 30 桶水，还能维持生活，但老了以后呢？不如我们挖一条通向城里的管道，不但以后不用再这样劳累，还能解除后顾之忧。"

B 不同意 A 的建议："如果我们将时间花在挖管道上，那每天就赚不到 60 块钱了。"二人始终未能达成一致。于是，B 每天继续挑 30 桶水，挣他的 60 元钱，而 A 每天只挑 25 桶，用剩余的时间来实现自己的想法。

几年以后，B 仍在挑水，但每天只能挑 25 桶。那么 A 呢？——他已经挖通了自来水管道，每天只要拧开阀门，坐在那里，就可以赚到比以前多出几倍的钱。

其实很多人正和 B 一样。他们在工作中懒懒散散，每天眼巴巴地看着钟表，希望下班时间早点来到，结束这"枯燥""乏味"的工作；回到家中，他们依然如故，除了洗衣、做饭、吃饭、睡觉，以及必要的外出，几乎就等待新一天的到来。他们得过且过，眼中只有那"60 元"钱，不断在时光交替中空耗生命。但他们却丝毫不知，自己正在浪费生命中最珍贵的东西。

放眼中国，现阶段就业空间有限，各行业、各领域人才济济，高学历、高能力者比比皆是。每一个人，包括那些自主创业者，都将面临最残酷的竞争考验。这种形势下，公司不再是你生活品质的保障，更无法保证你的未来，难道我们就坐以待毙吗？换言之，既然是我们的未来，为什么要把它交托给别人？为什么不把时间合理运用起来，让自己随着时间的推移，变得越来越强大？

很显然，我们需要有效地应用时间这种资源，以便我们有效地取得个人的重要目标。需要注意的是，时间管理本身永远也不应该成为一个目标,它只是一个短期内使用的工具。不过一旦形成习惯,它就会永远帮助你。

那么,如果你对今天的生活不满意,就应该反思几年前的行为;如果你希望几年后有所改变,从今天起就要学会好好运用时间。每天挑 30 桶水能赚 60 元钱,那生病时、年迈时又该如何?若是能在保证正常生活的情况下,充分高效的运用时间,打通一条通向未来的管道,岂不是等于购买了一份"养老保险"?

零碎时间也是一笔不小的财富

我们每天的生活和工作时间中都有很多零碎时间,不要认为这种零碎时间只能用来例行公事或办些不太重要的杂事。最优先的工作也可以在这少许的时间里来做。如果你照着"分阶段法"去做,把主要工作分为许多小的"立即可做的工作",你随时都可以做些费时不多却重要的工作。

因此,如果你的时间因为那些效率低的人的影响而浪费掉了,请记住:这还是你自己的过失,不是别人的过失。

美国近代诗人、小说家和出色的钢琴家爱尔斯金善于利用零散时间的方法和体会颇值得借鉴。他写道:

"其时我大约只有 14 岁,年幼疏忽,对于卡尔·华尔德先生那天告诉我的一个真理,未加注意,但后来回想起来真是至理名言,以后我就得到了不可限量的益处。"

"卡尔·华尔德是我的钢琴教师。有一天,他给我教课的时候,忽然问我:每天要练习多少时间钢琴?我说大约三四个小时。"

"你每次练习,时间都很长吗?"

"我想这样才好。"

"不,不要这样!"他说,"你将来长大以后,每天不会有长时间的空闲的。你可以养成习惯,一有空闲就几分钟几分钟地练习。比如在你上学以前,或在午饭以后,或在工作的休息余闲,五分钟、五分钟地去练习。把小的练习时间分散在一天里面,如此则弹钢琴就成了你日常生活中的一部分了。"

"当我在哥伦比亚大学教书的时候,我想兼职从事创作。可是上课、看卷子、开会等事情把我白天晚上的时间完全占满了。差不多有两个年头我一字不曾动笔,我的借口是没有时间。后来才想起了卡尔·华尔德先生告诉我的话。到了下一个星期,我就把他的话实践起来。只要有五分钟左右的空闲时间我就坐下来写作一百字或短短的几行。"

"出乎意料,在那个星期的终了,我竟写了相当多的稿子准备自己来修改。"

"后来我用同样积少成多的方法,创作长篇小说。我的教授工作虽一天比一天繁重,但是每天仍有许多可资利用的短短余闲。我同时还练习钢琴,发现每天小小的间歇时间,足够我从事创作与弹琴两项工作。"

"利用短时间,其中有一个诀窍:你要把工作进行得迅速,如果只有五分钟的时间给你写作,你切不可把四分钟消磨在咬你的铅笔尾巴。思想上事前要有所准备,到工作时间降临的时候,立刻把心神集中在工作上。迅速集中脑力,幸而不像一般人所想象的那样困难。我想人类的生命是可以从这些短短的闲歇闲余中获得一些成就的。卡尔·华尔德对于我的一生有极重大的影响。

| 第五章　时间运用：懂得运用时间，可以丰富有限的生命 |

由于他，我发现了极短的时间，如果能毫不拖延地充分加以利用，就能积少成多地供给你所需要的长时间。"

这就是爱尔斯金的时间利用法。小额投资足以致富的道理显而易见，然而，很少有人注意，零碎时间的掌握却足以叫人成功。在人人喊忙的现代社会里，一个愈忙的人，时间被分割得愈细碎，无形中时间也相对流失得更迅速，其实这些零碎时间往往可以用来做一些小却有意义的事情。例如袋子里随时放着小账本，利用时间做个小结，保证能省下许多力气，而且随时掌握自己的荷包。常常赶场的人可以抓住机会反复翻阅日程表，以免遗忘一些小事或约会，同时也可以盘算到底什么时候该为家人或自己安排个休假，想想自己的工作还有什么值得改进的地方，尝试给公司写几条建议等。只要你善于发现，小时间往往能办大事。

一个只知道抱怨时间不够用的人是因为不善于利用零碎的时间，不会挤时间做一些必须要做的工作。那些时间的边角料收集起来其实是一笔不小的财富，我们应该学会利用零碎的时间为自己服务。

时间管理的"四象限"法则

时间"四象限"法是美国的管理学家科维提出的一个时间管理的理论，把工作按照重要和紧急两个不同的程度进行了划分，

基本上可以分为四个"象限"：既紧急又重要（如客户投诉、即将到期的任务、财务危机等）、重要但不紧急（如建立人际关系、人员培训、制定防范措施等）、紧急但不重要（如电话铃声、不速之客、部门会议等）、既不紧急也不重要（如上网、闲谈、邮件、写博客等）。

按处理顺序划分：先是既紧急又重要的，接着是重要但不紧急的，再到紧急但不重要的，最后才是既不紧急也不重要的。"四象限"法的关键在于第二和第三类的顺序问题，必须非常小心区分。另外，也要注意划分好第一和第三类事，都是紧急的，分别就在于前者能带来价值，实现某种重要目标，而后者不能。

四个象限的具体分析是这样的：

1. 第一象限是既重要又急迫的事。

诸如应付难缠的客户、准时完成工作、住院开刀等。

这是考验我们的经验、判断力的时刻，也是可以用心耕耘的园地。如果荒废了，我们很可能变成行尸走肉。但我们也不能忘记，很多重要的事都是因为一拖再拖或事前准备不足，而变成迫在眉睫。

该象限的本质是缺乏有效的工作计划导致本处于"重要但不紧急"第二象限的事情转变过来的，这也是传统思维状态下的管理者的通常状况，就是"忙"。

2. 第二象限是重要但不紧急的事。

主要是与生活品质有关，包括长期的规划、问题的发掘与预防、参加培训、向上级提出问题处理的建议等事项。

荒废这个领域将使第一象限日益扩大，使我们陷入更大的压力，在危机中疲于应付。反之，多投入一些时间在这个领域有利于提高实践能力，缩小第一象限的范围。做好事先的规划、准备与预防措施，很多急事将无从产生。这个领域的事情不会对我们造成催促力量，所以必须主动去做。

这更是低效与高效的重要区别标志，建议大家把 80% 的精力投入到该象限的工作，以使第一象限的"急"事无限变少，不再瞎"忙"。

3. 第三象限是紧急但不重要的事。

诸如电话、会议、突来访客都属于这一类。

表面看似第一象限，因为迫切的呼声会让我们产生"这件事很重要"的错觉——实际上就算重要也是对别人而言。我们花很多时间在这个里面打转，自以为是在第一象限，其实不过是在满足别人的期望与标准。

4. 第四象限属于不紧急也不重要的事。

比如，阅读令人上瘾的无聊小说、毫无内容的电视节目、办公室聊天等。

简言之，就是浪费生命，所以根本不值得花半点时间在这个象限。但我们往往在第一、第三象限来回奔走，忙得焦头烂额，不得不到第四象限去"疗养"一番再出发。这部分范围倒不见得都是休闲活动，因为真正有创造意义的休闲活动是很有价值的。然而像阅读令人上瘾的无聊小说、毫无内容的电视节目、办公室聊天等，这样的休息不但不是为了走更长的路，反而是对身心的毁损，刚开始时也许有滋有味，到后来你就会发现其实是很空虚的。

第六章
生活判断：选择正确很重要

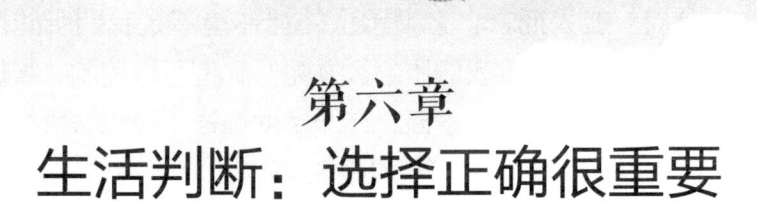

　　人生就是充满了选择题的题库，在这个题库中，选择题是最常见的题型，并且在这个题库中，不存在多选题，你没有选择多个答案的权限。因此，如果你想要做对这些选择题，就要学会一些基本的技巧，领悟一些关于做选择方面的手法，就如同雕刻一尊石像一样，你要学会基本的雕刻手法，才能够雕刻出栩栩如生的图案，人生的选择也是一样，只有学会了"单选题"的技巧和手法，你才能选择正确前进的道路。当然，每个人和每个人的"选择题"内容是不一样的，所以这就要每个人学着做好自己人生的每一道"选择题"。

我们不能选择环境,但选择自己的做法

对我们一般人而言,必须承认外在环境不是我们所能控制的。这是事实,那么,我们该怎么办呢?我们可以控制、掌握自己的思想,借助对思想的掌握,亦即借助选择正确想法所产生的力量,我们也就间接掌握了外部环境。

我们都知道时机有好有坏。有些人连景气好的时候都难以为生,更何况是不景气的时候?其最大的原因在于未能利用这种伟大的力量——选择的威力。

不景气时,大部分的人只会束手无策,灰心丧气,坐待政府当局的救济。然而,也有些人就懂得利用这种选择的威力,在不景气的时候也有所作为。有很多大事业即是在所谓不景气的情形下创建的,为什么呢?因为这些创业家不信邪,他们不顾一切地向前闯,因而成功了。

其实不景气比景气的时候有更多的机会——你所需要的创业资金会少一点,人力也较便宜,竞争也不会太激烈……更重要的一点是,不景气时会产生太多丧气的失意人,因此一个有点斗志的人也就比较容易出头,不必拼得头破血流。

在某个不景气时期,有一个生意人,一直觉得他的生意之所以做不好,原因就是"不景气",他觉得除非市面有改善,否则他的事业也不会有转机。就在这所谓最不景气的时候,有一天他走到一个购物区，看到有两家肉店，相距不过十多家店铺，其中一家忙得不亦乐乎，很多顾客在等待。而另一家却几乎不见有人上门。

这其中就有问题了。不景气确实存在，然而就在同一地段的两家肉店，一家可说根本感受不到不景气这回事，另一家却几乎难以维持。这个年轻的生意人决定要研究一下这件事。

他先上第一家肉店，已经有很多客人等在那儿，他一进门，老板就招呼说："您好。"态度非常友好，"我现在正忙，请稍等，我马上来。"他对每个客人都是这样客气，他很热心地为顾客服务，他会给他们建议，但是绝不自作主张。交易愉快地完成了。

过了几天，年轻的生意人到另外一家肉店去，老板大着嗓门问他："要什么？"买肉的时候，老板不给客人想买的肉，反而硬向人家推销他认为人家"应该"买的那份。态度很坏，而且只对眼前的利益有兴趣。

讲到这儿，你应当能很快地领会到"选择的威力"何在。第二个肉贩把生意不好归咎于不景气，结果他备尝不景气的痛苦，他对待客人的态度既恶劣又不讲理，甚至把生意不好的气出在上门来的客人身上。反观第一个老板，他则认为生意好坏在于自己，在于自己是不是公道、合理，在于自己是不是态度好、服务好。结果不景气对他毫无影响，他的"选择"是正确的；另一位没有生意可做的老板却做了错误的选择。

能够觉察到选择的威力，人就能充分发挥生命的价值；而未能觉察到这种力量的人，生命则成为一种负担。这个例子说明了选择的威力有助于激发致富的能力。

上述那个年轻的生意人，在对两家肉店之间的差异做出一番调查后，第二天回到他自己的办公室重新开始工作。这一次，他

选择了另一种观点——他深信事在人为,而不在于时机的好坏,也不在于政府当局的措施。他开始做广告,大力开展推销活动,并针对形势采取应变措施,修正产品的售价。没多久,便渐渐忙碌起来,生意开始好转,他又赚钱了。形势未变,变的是他自己。正是这种抉择的威力使他保住了事业,站稳了脚跟,改变了命运,而外在环境却一如既往。

  在我们受雇于他人时,道理也是一样的。让我们来比较两种不同类型的雇员,看看选择的不同对他们有何不同的影响。其中一种,总是坚持准时上班的原则,凡事都按规定的办,对工作他一定力求做得最好,对公司有益的建议他都热心提出,不属于分内的琐碎事务,他也爱帮忙处理,如有需要,他还会主动加班。他不断充实自己的专业知识,甚至下班后去上课进修,期望自己的进步能使公司的服务质量也跟着提高。这个员工,他利用自己抉择的力量,让自己成为一个出色、称职的助手,其前途当然看好。他使自己成为雇主不可或缺的有力助手,他的老板当然也会尽一切力量留住这个人才。

  再让我们来看看另一种雇员,这种人的上班时间是随自己的方便而定。工作的时候,他会跟别人斤斤计较,即使加几分钟班都不愿意。他喜欢谈论与公事无关的话题,或是跟公司唱反调。他只做跟他薪水相当的工作数量,宁可把时间花在无聊的娱乐及无益的活动上。他认为工作以外的时间应该属于个人,所以他爱怎么打发得随他高兴。这种人绝不会计划未来,也不会为了将来而去充实自己。

  当不景气的时候,这种人将是第一个被开除的。这个时候,他都会怪时局不好,会开始愤世嫉俗,因为他丢了工作;他会怪所有的人而忘了检讨自己,他的家人、亲友也跟着受罪,他让日子就这样日复一日、年复一年地虚度下去。最后，他会发现自己竟然潦倒在养老院里。为什么呢？

但愿我们能够有办法让所有的人都了解：有一种人人能做同时也是正确抉择的威力，就存在于他们心里，这种威力使我们能依照自己的意愿实践自己的计划，而且能真正实现我们理想中的生活方式。要怪时局不好很容易；如果你愿意的话，把一切责任都推到别人身上是很简单的。

但是，任何人一旦能真正领会到"选择的威力"，不仅他的事业会开始有进步，他的社会关系、家庭生活及个人生活也会跟着改善，而且还会进而领悟到：只有他自己才是那个做选择的人，亲戚朋友尽管有心也不能代他做主。也只有这样他才能建立起一种以能力、行动、进取心为基础的真正的自信。他不必再仰赖外部环境，他也不再对自己的幻想心存依赖，他靠的是他自己。

只要确认这个"选择"的道理，马上就会收到立竿见影之效。然而要确认这个道理却极不容易，因为万千思绪飞速袭来、百般捣乱，使我们极易错失这种看似平凡、实则神奇无比的"选择之威力"。

什么样的选择决定什么样的生活

在每个人的发展过程中，都有十字路口，如何跨过这个十字路口而走向成功，是每个人必须解决的问题。我们要避免"一失足成千古恨"的悲剧，除了有贵人的指引外，更要靠自己。

有这样一个故事：

说有两个乡下人外出打工，一个打算去A城，一个打算去B城。临上车时，两人突然又都改变了主意，原因是他们在车站听到了这样的议论：A城人精明，外地人问个路都要收费；B城人质朴，见吃不上饭的人，不仅给馒头，还给旧衣服。打算去A城的人想：还是去B城好，即使挣不着钱，也饿不死；打算去B城的人想：还是去A城好，给人带个路都能挣钱，A城挣钱也太容易了。结果，两个人交换了车票。原打算去B城的去了A城；原打算去A城的去了B城。

去了B城的发现：B城果然很好，不仅银行大厅里的矿泉水可以白喝，而且商场里做广告的点心也可以白吃。

去了A城的人发现：A城果然很好，带路可以赚钱，看厕所可以赚钱，弄盆凉水让人洗脸也可以赚钱……只要动动脑筋动动手干什么都可以赚钱。凭着乡下人对泥土的感情和认识，他从郊外弄来一些含有腐殖质的泥土，以"花土花肥"的名义出售，一天就赚了50元钱。经过两年的努力，他竟在A城拥有了一间小门面。后来，他见一些商家的门面亮丽而招牌太脏，立即开办了一个专门擦洗招牌的小型清洗公司。再后来，他的公司越办越红火，业务也由A城拓展到了其他大城市。

不久前，他去B城考察清洗市场，车到B城站，一个捡破烂儿的人把头伸进了他的软卧车厢，就在那人向他伸手要一只空饮料罐儿时，两人都愣住了，因为8年前，他俩曾经交换过火车票……

这个故事留给我们的启示颇多：首先是，机遇对我们每个人都是公平的，但机遇又对能及时把握机遇的人情有独钟。8年前，关于B城人质朴和A城人精明的话题，两个出外打工的乡下人是同时听到的，但，原打算去B城的人认为"还是去A城好，幸亏没有去 B 城，不然就失掉了致富的机遇"。他不仅及时识别了机遇，而且又及时抓住了机遇——果断地改变了初衷，毅然去了 A 城。相反，原打算去 A 城的人，却认为："还是 B 城好，即使赚不到钱，也饿不死。"由于他不具备识别机遇的慧眼，当赚钱的机遇出现时，只能与之擦肩而过，失之交臂。这就是说，什么样的抉择决定什么样的生活。

其次，一念之差，不同的抉择后果迥异。国外有科学家对数人进行过测试，结果表明，正常人不论高矮胖瘦，其智商和潜能大致相当，但是，就是这些智商和潜能不相上下的人，发展的结果却参差不齐，差别很大。究其根源，其差别就在于对人生道路的抉择的一念之差上。伟人和凡人，名人与俗人往往是由认识的"差之毫厘"导致结果的"谬之千里"。美国著名牧师内德·兰赛姆，在 94 岁临终时留下这样一句遗言："假如时光可以倒流，世上将有一半的人成为伟人。"假如时光真可以回到 8 年以前，我相信那个"去了 B 城"的人，一定会重新选择"去 A 城"的。可惜时间不会倒流。也许就因为这一念之差，才使世界上有了富翁与乞丐。也就是说，在人生的道路上，有什么样的抉择，就有什么样的人生。

选择"成功"还是选择"保障"

扩展你的思想领域，确定你的远大理想，把自己造就成伟大的人物。这就需要我们去行动。

一位全国最大工业机构的人事专家说,她每年都要到各大学进行四个月的访问,挑选一些正要毕业的学生参加公司初级经理人员的预备训练。她指出她对这许多大学生的心态很失望:

"通常我要和八至十二位毕业生面谈,他们都是班上的前三名,而且都表示很乐意到我们公司工作。我们考虑的决定因素之一是个人的动机。我们要看他是否有潜力,能否在几年内独当一面,实现重要计划,管理一个分公司或分厂,或者在其他方面对公司有实质性的贡献。我不得不说,我对我所面谈的大部分学生的个人目标并不十分满意。你会很惊讶有那么多仅22岁的年轻人对退休计划比任何事更感兴趣。在他们而言,'成功'只是'保障'的同义词。"

"他们关心的第二个问题是'我会被经常调动吗?'你想,我们能把公司冒险交给这样的人吗?我无法理解的是,现在的年轻人对于未来的态度,竟然极端地保守、狭隘。"

成功不是以一个人的身高、体重、学历或家庭背景来衡量,而是以个人理想的"大小"来决定。而理想的"大小"也决定成就的大小。

眼光远大的人不光看现状,还要训练自己注意未来的发展。以下两个例子可以说明这点。

有一位百货公司的经营者向一群业务经理谈话:

"我可能有点守旧,但我还是相信使顾客再度光临的最好办法,就是提供友善、殷勤的服务。有一天,我到商店巡视,听到一位店员正在跟一位顾客争吵,结果那位顾客很愤怒地离开了。然后,这位店员对另一位店员说:'我才不会让一个仅值1美元9

| 第六章　生活判断：选择正确很重要 |

美分的顾客占去我所有的时间，让我翻箱倒柜去找他要的东西。他根本不值得我这样对待他。'我听完就走开了，但是一直无法忘记那番话。想到我们的店员认为顾客仅值1美元9美分时，我觉得事态十分严重。我立刻决定，要把这个观念改过来。便请市场研究主任统计去年平均一位顾客在我们商店的花费是多少。结果令我吃惊，数目高达362美元。接着，我召开人事督导会议。我把情况解释清楚，然后告诉他们一个顾客的真正价值。他们一旦明白一个顾客的价值不是以一次销售金额而是以全年的销售总额来评定，服务态度马上就改善了。"

这项经营要点适用于任何一种生意。通常头几次买卖是没什么利润的，所以，要看顾客的潜在购买力而不是看他们今天买多少。高估顾客才能把他们变成稳定的大主顾；反之，则会把他们赶走。

还有一个学生也有过类似的经历，他说：

"有一天午饭时间，我决定去一家几周前新开张的自助餐厅用餐。当时我的经济情况有点紧，必须小心用钱。我在肉品部看到火鸡肉还不错，旁边价目清楚地写着39美分。当我走到柜台付账时，那位柜台小姐说要1美元9美分。我礼貌地请她再核查一次。那位小姐不屑一顾地瞪我一眼，重新算过。原来差别就在那份火鸡的价钱。她坚持要收49美分。我请她注意那边39美分的标价。这下她火了'我不管那边标价是怎么写的。这边价目表是49美分，有人把那边的价目标错了，你必须付我49美分'。然后我解释我所以挑这份火鸡就因为它是39美分，如果标明49美分，我就会挑别的食物了。她还是回答：'你还是得付49美分。'我照付了，因为我可不想一直站在那里成为大家注目的焦

点。当时我就决定永远不再到那里吃饭了。我一年要花250美元左右的午餐费，他们准保拿不到一分钱。"

这是一个目光短浅的明显例子。这位收款小姐只看到小小的10美分，却看不到潜在的250美元。

我们再来看看另一个相反的例子。

一位从事乡村房地产生意相当成功的经纪人表示，如果我们能训练自己看到目前不存在的事物，就会有所成就。

"我的整个销售计划是有关农场未来的发展。"这位朋友说，"只告诉顾客'农场占地多少亩，拥有多少亩的森林，距市镇多少里，'是无法打动他来购买的。但是，如果你告诉他一个利用农场的具体计划，他就很可能被你说动。"

他打开公文箱取出一份资料说：

"这个农场是我们刚接手的，跟其他农场买卖的情况很相像，这个农场距市中心有43里，房屋破旧，农田已荒废了5年。现在来看看我是怎么做的。上个星期我花整整两天的时间来研究这事。我还多次到农场去，仔细观察临近的农场，研究这个农场跟现有的以及计划中的高速公路之间的位置关系。然后问自己：'这个农场怎么使用才好呢？'我想出三种可能，就是这些。"

他拿出计划让客人看，每一份计划都打印得很整齐，而且看起来很详尽。其中一项计划是将农场改建为骑马场，构想很成熟。因为该市正在发展，喜欢户外运动的人士愈来愈多，人们用在娱乐方面的花费也愈来愈多，而且交通很方便。计划中还指出，该农场能养大量的马匹，骑马活动能带来可观的净利。这个创意实在是很完整，很有说服力。让人好像已经看到一群游客正在骑马穿越森林。

"我跟顾客谈话时，不一定要说服他们相信这个农场值得买。我会帮助他们看到一幅使农场盈利的远景规划图。除了较快卖出更多的农场外，我还能比别的竞争者卖出更高的价码。通常人们愿意对附加创意的房地产付出比单纯的房地产更多的钱。因此，有更多的人要把他们的农场托给我卖，而我的每一笔销售佣金也比别人高。"

这个事例的道理就是，观察事情不可只看现状，还要能看到未来可能的发展，预见未来增加的价值。思想深邃的人总是能预见未来。他不会拘泥于现状，他看待每一件事都会比别人深入10%，然而他从每一件事得到的将会比别人多几倍甚至几十倍。

"不想有钱"意味着选择贫穷

有一个32岁的聪明人甘愿守着一个很有保障的很平凡的职位。他往往会花好几个小时告诉别人他为什么对自己的工作很满意。但是人们知道他在欺骗自己，他自己也知道他在自欺欺人。他需要一份更有挑战性的工作，这样才能继续发展与成长。但是，就因为有无数的阻力，使他深信自己不适合做大事了。

其实这种人已经有恐惧感，他们害怕失败，害怕大家不同意，害怕发生意外，害怕失去自己已有的东西。他们并不满足，因为他们明知自己已经投降。这种人中有些很有才干，只因为不敢重新冒险。才愿意平平淡淡度过一生。

我们再来看一看另一位年轻人。

他的生活一直处于苦苦的挣扎中。他已失业很久，后来，才好不容易找到一份不足夸耀的工作。这个年轻人已经结婚生子，而他竟敢对自己说："我不要有钱。"他每天都设法存下几块钱，希望将来有一天能送他儿子进大学。他知道应该存钱留作儿子的教育费，这是他的明智之举。用"苦战"二字实不足以形容他的困境。他不肯上电影院，不肯涉足比较像样的餐馆，怕太贵，不去听音乐会。他也没有能力带家人出去度假。因为他花不起这种钱。像这样一个人，他竟对自己说："我不想有钱。"

你还不明白为什么会有这么多人永远在闹穷吗？他们没有想通，是他们自己甘于过穷日子。他们没能认清自己有选择的权利。节俭并没有错，有很多人也的确必须节省，否则日子根本过不下去。但这类人同样也可以发挥威力，做出良好的选择，大可不必把美好的事物全然拒之于门外。

然而，我们每天听到的却是这样的话："我很喜欢那个东西，但是我买不起。""我买不起""我花不起"。没错，你是买不起，但不必挂在嘴上。只要你不断地说"我买不起"，那你这一辈子就真的会这样"买不起"下去。

选择一个比较积极的想法。你应该说："我会买的，我要得到这个东西。"当你在心中建立了"要得到""要买"的想法，你就同时有了期待，就在心里建立了希望。千万不要摧毁你的希望，一旦你舍弃了希望，那么你也就把自己的生活引入了挫折与失望。

有一个一文不名的年轻人，他说："总有一天，我要到欧洲去。"坐在旁边的朋友一听此话便笑了起来："听，这是谁在讲话

- 126 -

呀?"20年之后,那个年轻人带着妻子果然去了欧洲。当时他并没有说:"我想去欧洲,就怕我永远花不起这笔钱。"

他心抱希望,希望就给了他动力,促使他为了要去欧洲而有所行动。假如你说"我花不起"。那么一切就会停顿,希望没有了,心智迟钝了,精神也丧失了,久而久之我们就会让自己相信事情是不可能的。而如果我们懂得运用"选择的威力",则能带给我们希望、力量、勇气,使我们能够力行不辍,去获取我们真正想得到的东西。

贝尔发明电话之前,"电话"本来只是他心里的一种想法;电灯泡在发明之前也只是爱迪生心中的一个想法。

洛克菲勒在他还一文不名的时候曾说过:"有一天,我要变成百万富豪。"他果然实现了愿望。

所以你应该了解:一切你想要得到的东西在还未实现之前,本来都只是一些想法。

你的经济情况也一样,先要有想法,然后才会变成现实。想法改变了,外在改变也会随之而来。这可是一条永远不变的法则!如果你经常说"我付不起""我永远得不到""我注定是受穷的命"……那你就是封闭了通往自谋幸福的路,只有不时进行选择性的思考,才会改变想法和现实,必要的时候,不妨运用一下想象力。你不会失望的。以前不敢奢望的好运会降临,生命会有转机,你的生活会出现一种崭新的面貌。

这种威力——即选择的能力,如果运用得法,将能使生活尽如人意,其效果屡试不爽。

有一个年轻人,他有一条极其不寻常的经验:他发现每当他存足了20000块钱,就有事情来了,诸如一些小小的意外和麻烦……总之他的存款老是无法突破20000块钱。这个年轻人可能

一辈子都解不开这个结,除非他开始运用选择的威力,以不同的看法来面对这件事。

还有一个年轻人,是个万事通,他会的事情很多,所做的事,也样样成功,可是奇怪得很,他从来都赚不到钱。大家都不懂到底为什么。他有野心,也很有人缘,个性也很开朗,就是在金钱上,始终不得意。后来,他终于发现毛病出在哪里了。原来问题就出在他老是说:"我样样都行,就是赚钱不行。"

这种想法害了他,只要他想通了这一点,情形就会改变。他开始改口说:"我什么都行,赚钱也不例外。"结果不到几年,他的经济情况就有了起色。他果然赚到了钱。自此以后,他的经济情况一帆风顺。本来这个人很可能是一辈子都是样样能干,就是不会赚钱;但由于后来他领悟到他所"选择"的是一条思想上的歧途,并且设法纠正,他的经济情况就此便有了好转。发挥"选择的威力"会带动出更强、更有效的赚钱能力。

拣选机遇,顺势而为

在生活中,你或许会遇到各种各样的机遇,你或许会将很多事情看作是机遇,但是要知道很多机会是不属于你的。你可能会在生活中的一个小角落中发现让自己窃喜的机会,但是这只是一个可能的存在,要想真正地发挥它的能量,或者是让自己在机会面前突出自我,就要学会顺势而为,不要过多强求。

"顺势"不是让你一味地顺其自然,不去努力。而是你在做事情之前要看清形势。尤其是当你看到自己身边存在机遇的时候，更要看清事物发展的形势。这样你才能够分清楚现在的机遇是不是属于你，当你发现所谓的形势和自己盼望的东西不一致的时候，那么你就要考虑眼前的是不是真正属于你的机遇，从而做出更好的选择。

　　顺应形势的发展，不管做什么事情，你才会感受到轻松和顺利，没有人知道自己身边会有什么样的机会，也没人知道自己能不能够抓住身边的机会，但是，一旦你意识到机会的到来，那么你就要抓紧时间，不要让时机或者是机遇从身边溜走。但是，不是所有的机会都是值得你去耗费时间的，因为很多选择本来就不属于你，那么你就只能凭借自己的经验或者是多问问自己想要的是什么，从而挑选出自己想要的机会，如果你能够真正地找到属于自己的选择，那么你就相当于成功了一半。

　　任何事物的发展都有它的规律，不管是怎样的选择，都要顺应事物的发展规律。比如说你的朋友约你去看枫叶，如果是在秋季，那么是个不错的选择，你可以去香山看看枫叶，如果是夏天，那么你可以选择约朋友去看看荷花，这个时节就不要选择去香山了。不同的时节都要有自己适当的选择，要顺应时节，这个也是你应该考虑的因素。

　　在工作中，需要顺势而为，与领导处理好关系，与客户疏通好关系，生活中我们都不知不觉地在运用着顺势而为的哲学，只是有时候连自己都不知道而已。

　　不管是自然的规律还是事物发展的内在规律，这些规律一旦违背了，那么就不可能会有好的结局。因此，如果你想要实现自己的成功，就不要违背客观的规律，更不要因为违背了客观的规律而让他人对你产生不好的印象。每个人的人生都需要遵循一定的规律，因为只有当你遵循规律、顺势而为的时候，你才能够得

到自己想要得到的，实现自己最终能够实现的，成就辉煌，选择一条真正属于自己的人生道路。

顺应形势的发展，对每一个人的生活来讲都是十分重要的，不管是在什么时候，如果你能够顺应形势的发展，最终，你会发现自己的成功就来源于事物的本身规律。逆着事物发展的规律行进，最终你得到的也不会是成功。每个人的生活是不一样的，而要想让自己的生活变得成功，那么最终要实现的就是让自己成为一个顺势而为的人，这一点是毋庸置疑的。

每个人都希望自己拥有更多的机遇，但是不管是什么样的机遇，你都要明白自己选择的是否是合适的，怎么样的机遇或者说选择才是"恰当"的。那么这就要靠你的双眼来看透事物的发展形势，如果你能够看懂事物的发展形势，那么你也就能够让自己获得更多的机会。相反，如果你无法顺势而为，总是做一些违背自然规律或者是事物发展规律的事情的时候，你最终也不会是成功，你做出的选择也不会是最适合你的人生抉择。

有时放弃才是正确的选择

俗话说，条条大路通罗马。同样的一件事，会有很多种解决方法，同样的人生，亦有很多种活法可选择。我们说坚持就是胜利，但如果方向错了，越是折腾，就会距离真正的目标越远。这时候是考验我们内心的时候。壮士断腕、改弦更张，从来都是内心勇敢者才能做出的壮举。懂得坚持和努力需要智慧，懂得放弃

第六章 生活判断：选择正确很重要

则不仅需要智慧，更需要勇气。若是害怕放弃的痛苦，抱残守缺，心存侥幸，必将遭受更大的损失。

有这样一个可笑的故事：

两个贫苦的樵夫在山中发现两大包棉花，二人喜出望外，棉花的价格高过柴薪数倍，将这两包棉花卖掉，可保家人一个月衣食无忧。当下，二人各背一包棉花，匆匆向家中赶去。

走着走着，其中一名樵夫眼尖，看到林中有一大捆布。走近细看，竟是上等的细麻布，有十余匹之多。他欣喜之余和同伴商量，一同放下棉花，改背麻布回家。

可同伴却不这样想，他认为自己背着棉花已经走了一大段路，如今丢下棉花，岂不白费了很多力气？所以坚持不换麻布。前者在屡劝无果的情况下，只得自己尽力背起麻布，继续前行。

又走了一段路，背麻布的樵夫望见林中闪闪发光，待走近一看，地上竟然散落着数坛黄金，他赶忙邀同伴放下棉花，改用挑柴的扁担来挑黄金。

同伴仍不愿丢下棉花，并且怀疑那些黄金是假的，遂劝发现黄金的樵夫不要白费力气，免得空欢喜一场。

发现黄金的樵夫只好自己挑了两坛黄金和背棉花的伙伴赶路回家。走到山下时，无缘无故下了一场大雨，两人在空旷处被淋了个湿透。更不幸的是，背棉花的樵夫肩上的大包棉花吸饱了雨水，重得无法再背动，那樵夫不得已，只能丢下一路辛苦舍不得放弃的棉花，空着手和挑黄金的同伴向家中走去……

当机遇来临时，不一样的人会做出不同的选择。一些人会单纯地选择接受；一些人则会心存怀疑，驻足观望；一些人固守从前，不肯做出丝毫新的改变……毫无疑问，这林林总总的选择，自然会造就出不同的结果。其实，许多成功的契机，都是带有一定隐蔽性的，你能否做出正确的抉择，往往决定了你的成功与失败。

有时候，倘若我们能够放下一些固守，甚至是放下一些利益，反而会使我们获得更多。所以，面对人生的每一次选择，我们都要充分运用自己的智慧，做出准确、合理的判断，为自己选择一条广阔道路。同时，我们还要随时随地观心自省，检查自己的选择是否存在偏差，并及时加以调整，切不要像不肯放下棉花的樵夫一样，时刻固守着自己的执念，全不在乎自己的做法是否与成功法则相抵触。

学会适时放弃，就如同打牌一样，倘若摸到一手坏牌，就不要再希望这一局是赢家，懂得撒手，不要再去浪费自己的精力。当然，在牌场上，有很多人在摸到一手臭牌时会对自己说，这局肯定要输了，干脆不管它了，抽口烟、喝点水、歇口气，下局接着来。但是，在真实生活中，像打牌时这般明智的人却很少找到。

诚然，做人是要有点锲而不舍的精神，倘若总是半途而废，那么终其一生也很难做出成就。但是执着并不是死心眼，并不是明知道自己的方向有误，还一条道走到黑。

其实，人生不能只进不退，我们多少要明白点取舍的道理。当你为某一目标费尽心血，却丝毫看不到成功的希望时，适时放弃也是一种智慧，或许这一变通，便为你打开了新的篇章。

张翰与杜海涛是大学同学，二人毕业后都想成为公务员，进入政府部门工作。一次，二人在网上看到某市委调研室的招聘信息，于是便一起报了名。

两人一同走进考场。一周过去了，成绩在网上公布，他们都落榜了。但二人丝毫没有放弃的意思，相互鼓励对方明年接着再

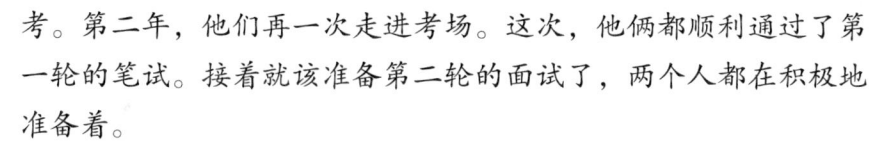

考。第二年，他们再一次走进考场。这次，他俩都顺利通过了第一轮的笔试。接着就该准备第二轮的面试了，两个人都在积极地准备着。

面试结束一周后，入围人员名单公布，发现只有张翰一个人被录取。此时，张翰对杜海涛说："没关系的，你再努力一年，一定会考上的！"杜海涛赞同地点了点头。

执着的杜海涛准备第三次走进考场，巨大的心理压力下，他考得比任何一次都要糟糕。至此，他开始对自己的目标进行反思，经过一番思想斗争，他决定放弃到政府工作这条道路。

在落榜后的第二天，他就鼓励自己，并告诉自己要打起精神准备开始新的生活。于是他开始找工作。没想到一切都很顺利，不到两周，他就顺利地前往一家知名外企就职去了。

人生就是在成与败之中度过，失败了很正常，失败以后不气馁、继续坚持的精神也固然可嘉，但是，不看清眼前形势、不论利弊，一味埋头傻干，那就不能称之为执着了。如此，换来的很可能是再一次的折戟沉沙。所以，请不要一条道走到黑，打开眼界，当前路被堵死时换条路走，或许你就会收获幸福。

在人生的每一次关键选择中，我们应审慎地运用自己的智慧，做最正确的判断，选择属于你的正确方向。放下无谓的固执，冷静地用开放的心胸去做正确的抉择。正确无误的选择才能指引你永远走在通往成功的坦途上。

其实有时候，退几步，就是在为奔跑做准备。有时候，松开手，重新选择，人生反而会更加明朗。衡量一个人是否明智，不仅仅要看他在顺风时如何乘风破浪，更要看他在选错方向时懂不懂得转变思路，适时停止。

做好工作中的选择题

每个上司都希望自己的员工或者是下属能够有很强的工作能力，于是他们会想尽办法来考验自己的下属有什么能力，擅长什么。这样一来，他们就能够抓住每个人的特长，最终创造更大的价值，而这个时候你也不要忘记培养与上司的和谐关系。

人生就像是一张试卷，每道题都是一个测试，当你做题的时候，你就是在被考验，每道题都是一次考验，同样地，当你想要考验别人的时候，你也要学会出题。在别人测验你的时候，你要学会从不同的角度考量别人，这样你才能够做出更好的选择。

你在工作中，你的上级会有意无意地考验你，因为他想知道你的能力到底有多大。在这个时候你要经受住对方的考验，在考验的同时也要明白这是一次机会，也是你考验对方的机会，所以说你要用心去分析你的上级的为人，如果你能够清楚对方的为人，那么你在很多时候也就能够选择成功。

你的上级会经常在考验你，你要学会通过考验来看清上级的为人。记得从一本书上看到过一个这样的故事。

一个女孩遇到了一个男上司，男上司一直认为女孩是因为有关系才进的公司，因为在他看来这个女同事是毫无工作能力的，除了长得漂亮。于是，他就处处刁难这个女下属，女孩明白自己的上司是什么样的人，在面对上司刁难的时候，她从来没有退缩

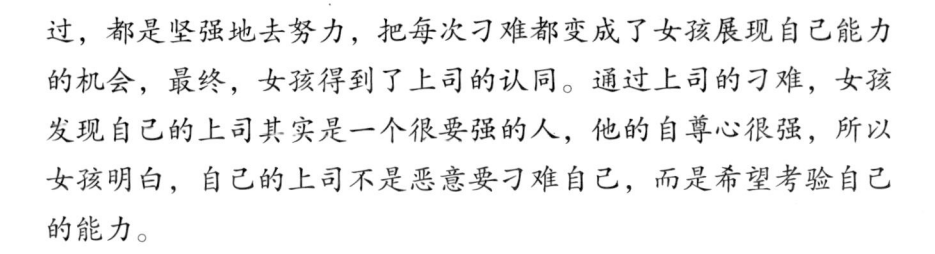

过，都是坚强地去努力，把每次刁难都变成了女孩展现自己能力的机会，最终，女孩得到了上司的认同。通过上司的刁难，女孩发现自己的上司其实是一个很要强的人，他的自尊心很强，所以女孩明白，自己的上司不是恶意要刁难自己，而是希望考验自己的能力。

你要知道不管在什么时候，你的上司会在许多方面来测试你具有怎样的能力，有的上司是希望能够利用好你的能力，让你发挥更大的作用。但是有的上司就可能是有其他的打算，这个时候你就要学会了解对方的内心，这样你才能够做出正确的选择。

当你遇到一个喜欢和下属一起活动的上司的时候，你就要明白这样的老板是更加容易接近的，当你在工作上遇到困难的时候，你可以大胆地求助。所以说这个时候你做出的选择一定要是对工作有利的，这样他会毫不犹豫地来帮助你。

当然，不管是你从事什么样的工作，你的上司都希望对你有一定的了解，尤其是对你的能力有一定的了解，如果你能够明白这一点，那么你也就不会埋怨你的上司为什么总是在考验你。在每个人的人生中，要想让自己得到更好的发展，那么你就必然要具备一定的工作能力。要知道每个人的工作能力都是不一样的，而你的上司希望你的能力可以胜任你的工作。但是在这一点上你应该注意，那就是在凸显自己的能力的时候要学会低调，因为如果你总是高调地炫耀自己的能力，也会适得其反，如果你具有了很强的工作能力，那么就一定要认真地表现。

当然，为了了解你的能力，你的上司难免会给你出难题，这个时候不要轻易地放弃，因为这是对你的考验。因此，在这个时候你一定要认真地对待，但是不要盲目地行动，要知道这个时候也是你的机会，你认识或者说你了解对方的机会，这个时候，你可以通过对对方的了解，来认识对方的人品，了解你的上司的为人。

每个人或多或少都会在生活中被考验，你会发现你的上司无时无刻不想知道你的能力有多大，所以他们会出一道接着一道的选择题。这个时候你不要只是顾着自己的选择，要通过这一个接一个的选择题来看清楚上级的出发点，了解他的为人，这样你会发现，自己的选择往往会变得更加容易。

不管你是从事什么工作的，也不管你曾经遇到过几个上司，你会发现每个公司的上司都在给自己出选择题，他们希望自己做出合理的选择。但是这个时候，你也应该看到这同时也是一种双向选择，这样才能够帮助你做出选择，才能够让你做出更好的选择。

第七章　友情培养：
勿让自己搁浅在无人问津的孤岛

没有人可以独自面对人生，更没有人可以独自取得成功。人与人之间的交往是一种情感需要，更是一种生存需要。每个人的一生中，都需要很多朋友，更需要几个志同道合的挚友，他们是我们的人生寄托，更会对我们的事业产生极大的帮助。一个人，如果不懂得与他人建立良性的人脉互动，那么他最终的结局往往是失败。很多人之所以一辈子碌碌无为，就是因为他们活了一辈子也没弄明白如何去与别人打交道，如何获取优质的人脉资源，为自己的事业和生活赢得最大的支持。

想要结交朋友，要先学会关爱朋友

如何与朋友和睦相处，如何成为朋友之间人见人爱的红花，唯一的诀窍就是要想取之，必先予之，要想结交人，被人爱戴，就要学会关爱他人，只有爱别人并爱自己的人，才是最受欢迎的人。

王亮心宽体胖，整天乐呵呵，朋友们都亲热地称呼他为"胖哥"。胖哥是某单位的司机，大家都很喜欢他、尊重他，有人开玩笑地问胖哥身上是不是装了磁石，不然为什么这么吸引大家呢！胖哥哈哈一笑，"就是有人缘！大家对我好，你羡慕了！"其实胖哥之所以人缘好，都是他靠自己的友善换来的。他的好朋友没考上大学，心情很不好，胖哥一下子请了十天假陪着他，劝说他，等朋友精神好转后，又开车带着朋友散心，终于使朋友开怀了。同事小姜的父亲骨折住院，胖哥把小姜的家务事整个包了下来，还专门为小姜父亲炖了鸡汤送到医院，每隔两天还要代替小姜护理老人。领导大赵做买卖赔了一笔，大赵心烦意乱，大赵妻子寻死觅活，胖哥又充当了调解人，终于劝得这对夫妻和好如初……胖哥对每个人都那么关爱、友善，而大家回报给他的则是爱戴、支持。

与人交往，如果你能处处表现出关爱别人的精神，乐于助

| 第七章　友情培养：勿让自己搁浅在无人问津的孤岛 |

人，那么就能使自己犹如磁石一般，吸引众多的朋友；而一个只肯为自己打算的人，到处会受人鄙弃。吸引他人最好的方法，就是要使自己对他的事情很关心、很感兴趣，但你不能做作，你必须真诚地关心别人，对别人感兴趣。

好多人之所以不能吸引他人，是因为他们的心灵与外界是隔绝的，他们专注于自己。与外界隔绝，久而久之，便足以使自己陷于孤独的境地。

有一个人，几乎人人都不欢迎他，但他不知道是什么原因。即使他参加一个公众集会，人们见了他都退避三舍。所以，当别人互相寒暄谈笑、其乐融融之时，他一个人独处在屋中的一个角落。即使偶然被人家注意，片刻之后，他也依旧孤独地坐在一边。

这个人之所以不受欢迎，在他自己看来乃是一个谜，他具有很大的才能，又是个勤勉努力的人。他在每天工作完毕后，也喜欢混在同伴中寻快乐。但他往往只顾及自己的乐趣，而常常给人以难堪，所以很多人一看到他，就避而远之。

但他绝未想到，他不受欢迎最关键的原因乃在于他的自私心理，自私乃是他不能赢得人心的主要障碍。他只想到自己而不顾及他人，他一刻也不能把自己的事情搁起，来谈谈他人的事情，每当与别人谈话，他总是要把谈话的中心，集中在自身或自己的业务上。

一个人如果只顾自己，只为自己打算，那么就没有吸引他人的磁力，就会使别人对他感到厌恶，就没有一个人喜欢与他结交往来。

做一个快乐的糊涂虫

"人生难得糊涂"。很多时候,一个什么都很清楚的人,往往是很累的,如果你看透了人世间的一切,那么你会感觉到生活很无聊甚至失去了生活的乐趣,所以说人该糊涂的时候就应该糊涂,做事情不必太较真儿,斤斤计较往往会让你感觉到生活很累。

"做一个快乐的糊涂虫。"一个大学生在讲到自己的人生志向的时候这样说。当时老师不知道他的话语的真实含义,还以为他毫无远大的目标,在课堂上还鄙视他没有志向,但是十年过去了,他成为了一名身价过亿的商人。在同学聚会的时候,那位老师也参加了,他的老师又一次提出当年的问题,他的回答还是"要做一个快乐的糊涂虫",他希望自己的生活是快乐的,只有在生活中变得糊涂点,才能够感觉到快乐,如果你对生活中的每个人或者是每件事情都斤斤计较,那么你的人生抉择往往会因为这些小事而变得毫无价值,所以说不要因为一点点的小事情,而影响到自己的抉择,更不要因为自己的一点点想法而让自己的选择变得一文不值。

在很多时候,如果你太在意这件事情反而对你没有好处,考虑过多也会影响选择,也就是说,当你考虑过多的时候,还不如什么也不考虑直接做出选择。所以说不要将自己的眼光停留在一件小事情上,要放远目光,这样你才能够做出更好的选择。

做事情不要太较真儿,太较真儿的话往往会让你感觉到生活

| 第七章　友情培养：勿让自己搁浅在无人问津的孤岛 |

很累，不管是大事还是小事都会分散你的注意力，这样一来，你会发现自己的注意力往往是不够用的。尤其是在做选择的时候，你会发现自己无从下手，因为你不知道自己该如何选择，你的思想全被小事情阻挠着，最终你的选择也会受到影响。

对事情不较真儿，或者是"装"糊涂，不是对自己的选择不负责。负责任其实是有两层含义的，负责是认真的代名词，在很多时候人们都会说一个认真的人往往是对自己的生活或者是工作负责；同样负责也是一个概念性或者是说长远性的代名词，你从长远或者是全局出发，你也是对自己负责。如果在选择的时候你总是斤斤计较，那么你最终是不会选择成功的。

很多时候你没有必要和自己过不去，有的时候你需要十分谨慎认真，但是在很多时候你需要的是让自己糊涂一点，糊涂并不是让你不认真对待自己的理想，更不是让你在人生抉择中糊涂地选择，而是让你知道很多时候较真儿往往会给自己带来不必要的负累。也会给对方带来不必要的伤害，如果你不想伤害别人，那么你没有必要跟别人较真儿，尤其是遇到一些小事情，无关紧要的事情，更没有必要跟自己较真儿，要知道一个人的精力是有限的，如果你将自己的精力都放在一些小事情上，那么你会发现自己是在舍本逐末。这样不仅仅对你的成功没有帮助，并且对你的人生抉择也不会有很好的促进。

每个人都应该在该糊涂的时候糊涂，该认真的时候认真，这就是一种人生态度，这种人生态度往往能够让你节约自己的能量，让自己的精力得到缓和，最终将自己的精力放在重要的事情上，只有这样，你才能够实现自己的进步和发展，在人生抉择中，你才能够让自己找到属于自己的人生道路。

恰到好处的糊涂，也是一种幸福和享受。比如说当你看到别人占了便宜的时候，当你感觉到自己吃了亏的时候，在小事情上

你可以假装糊涂,让事情都过去,这样不仅仅有利于缓和彼此之间的关系,更重要的是你也没有什么大的损失,最终你将会得到更多成功的机会,得到自己想要得到的一切。

张师傅是个收废品的。一天,有个陌生男人打来电话,说有200多公斤废品铝。张师傅和他的徒弟在泥泞的道路上颠簸了一个多小时后,来到陌生人的家里,只见中间堆着一小堆铝锭。没想到,男人竟还要他们加钱。徒弟当时鼻子差点都气歪了,大骂,这时,里屋传出婴儿清脆的啼哭声,男人赶紧抛下他们,钻进里屋,只听见他和一个女人说话。张师傅低着头想了一会儿,叹了口气,叫徒弟装车。男人很满意,帮忙把铝锭装上车。回去的路上,徒弟问师傅:"为什么同意加钱给他。"张师傅说:"他是为了多赚点婴儿的奶粉钱,我们少几十块钱也没什么,也许会多交个朋友。"

每个月,张师傅都要到一个驼背老太太那里收废纸箱。路很远,货不多,没有利润,可他一直坚持去。徒弟有些不解:"这样的生意为什么不推掉?"张师傅摇摇头,微笑着说:"老太太信任我,虽然没有利润,可赚到了信任。她每天挨家挨户地收破烂,也不容易。"

后来,那个欺骗他们的男人,成了他们最大的废品铝客户。驼背老太太去世后,驼背老太太家附近的机械厂成了他们的废铁大客户。原来,这客户竟然是驼背老太太给争取的。机械厂负责废品处理的人和老太太同村,老太太总对他说:"为什么不把废品卖给老张呢?他是个实诚人。"他想起老太太说过多次的话,便联系到了张师傅。短短几年,张师傅的公司利润成倍地增长。

做一个糊涂虫不一定是坏事情,很多时候没必要将一些小事情放在心上,更没有必要斤斤计较,要知道这些小事情不但不会帮助你选择,很多时候,这些小事情往往会阻碍你的选择,所以说不要对选择面前的小事情斤斤计较。要学会抓住事物发展的重点，最终让自己的思维更加广阔，做出更好的人生抉择。

其实细想想，我们真没有必要太较真儿，在很多时候，较真儿换来的就是被别人小看，当你对某一件小事斤斤计较的时候，别人会觉得你这个人很小气，最终可能会疏远你。当你在作决定的时候，你总是对小事情耿耿于怀，那么你会把握不住事情的发展方向，最终你会因为这些小事情而耽误了自己的最终选择结果，选择不好自己的人生道路。

随时随地表现出你的随和

有人说，随和就是顺从众议，不固执己见；有人说，随和就是不斤斤计较，为人和蔼；还有人说，随和其实就是傻，就是老好人，就是没有原则。这让我们的内心有些迷茫，究竟随和给我们带来的是晦气还是福气呢？综观一些有影响、有地位的公众人物，他们都有一个共同的特点：心态随和、平易近人。而与此相对照，非常有趣的是，有时候越是地位卑微的人越是容易发怒暴躁，他们动辄就因一些鸡毛蒜皮的事儿大发雷霆。由此看来，为人随和对一个人来说真的很重要，它代表着一种成熟，代表着一种从容，也代表着一种品位。

一位曾在酒店行业摸爬滚打多年的老总说："在经营饭店的过程中，几乎天天都会发生能把你气得半死的事儿。当我在经营饭店并为生计而必须要与人打交道的时候，我心中总是牢记着两件事情，第一件是：绝不能让别人的劣势战胜你的优势；第二件是：每当事情出了差错，或者某人真的使你生气了，你不仅不能大发雷霆，而且还要十分镇静，这样做对你的身心健康是大有好处的。"

一位商界精英说："在我与别人共同工作的一生中，多少学到了一些东西，其中之一就是，绝不要对一个人喊叫，除非他离得太远，不喊就听不见。即使那样，也要确保让他明白你为什么对他喊叫，对人喊叫在任何时候都是没有价值的，这是我一生的经验。喊叫只能制造不必要的烦恼。"

品味随和的人会成为智者；享受随和的人会成为慧者；拥有随和的人就拥有了一份宝贵的精神财富；善于随和的人，方能悟到随和的分量。要真正做到为人随和，确实得经过一番历练，经过一番自律，经过一番升华。

一个经理向全体职工宣布，从明天起谁也不许迟到，并自己带头。第二天，经理睡过了头，一起床就晚了。他十分沮丧，开车拼命奔向公司，连闯两次红灯，驾照被扣，他气喘吁吁地坐在自己的办公室。营销经理来了，他问："昨天那批货物是否发出去了？"营销经理说："昨天没来得及，今天马上发。"他一拍桌子，严厉训斥了营销经理。营销经理满肚子不愉快地回到了自己的办公室。此时秘书进来了，他问昨天那份文件是否打印完了，秘书说没来得及，今天马上打。营销经理找到了出气的借口，严厉地责骂了秘书。秘书忍气吞声一直到下班，回到家里，发现孩子躺在沙发上看电视，大骂孩子为什么不看书、不写作业。孩子带着极大的不满情绪回到自己的房间，发现猫竟然趴在自己的地毯上，他把猫狠狠地踢了一脚。

这就是愤怒所引起的一系列不良的反应，我们自己恐怕都有过类似的经历，叫作"迁怒于人"。在单位被领导训斥了，工作上遇到了不顺利的事儿，回家对着家人出气。在家同家人发生了不愉快，把家里的东西砸了，又把这种不愉快的情绪带到了工作单位，影响工作的正常进行。甚至可能路上碰到了陌生人，车被剐蹭了一下，就同别人发生口角。更严重的是，发生不愉快之后开车发泄，其后果就更不堪设想了。

我们一定要明白，愤怒容易坏事儿，还容易伤身。人在强烈愤怒时，其恶劣情绪会致使内分泌发生巨大变化，产生大量的荷尔蒙或其他化学物质，会对人体造成极大的危害。培根说："愤怒，就像地雷，碰到任何东西都一同毁灭。"如果你不注意培养自己忍耐、心平气和的性情，一旦碰到"导火线"就暴跳如雷，情绪失控，就会把事情全都搞砸。

常言道：忍一时风平浪静，退一步海阔天空。不必为一些小事而斤斤计较。我们不提倡无原则的让步，但有些事儿也没必要"火上浇油"，那只会使事情更糟，只会破坏你在别人心目中的形象。成功者之所以成功，其原因之一，就是因为他能够很好地管理自己的情绪，维护自己在人前的良好形象，用自己的随和去化解和别人的纷争与矛盾，用自己的随和去摆平内心的纠结和困惑，这就是他们的高明所在，也是他们的高尚所在。

豁达待人，敌人也能成为朋友

动不动就发火，像一挺机关枪一样发脾气发个没完，这不是个成熟的人应该干的事情。也许我们的一些决策有的时候会遭

到别人的误解，也许我们身边的同事或属下会当着你的面犯下一些本来可以避免的小错误，也许有些时候有些人会因为你过于能干而在心中产生了忌妒。但是，我们不能小肚鸡肠，我们应该试着理解别人的误会，宽容别人的过错，面对那些无中生有的诽谤和指责一笑了之，这样才能彰显你最高尚的品行和特质。

做到豁达、宽容，其实并不难，无非是遇事多往开处想，不去计较些许无谓小事。豁达者心胸开阔，善以待人，少有烦恼，因此备受人们推崇。

多年前，身为上校的华盛顿率领部下驻防亚历山大市。当时正值弗吉尼亚州议会选举议员，有一个名叫威谦·佩恩的人反对华盛顿所支持的候选人。

据说，华盛顿与佩恩就选举问题展开激烈争论，说了一些冒犯佩恩的话。佩恩火冒三丈一拳将华盛顿打倒在地。当华盛顿的部下跑上来要教训佩恩时，华盛顿急忙阻止了他们，并劝说他们返回营地。

第二天一早，华盛顿就托人带给佩恩一张便条，约他到一家小酒馆见面。

佩恩料想必有一场决斗，做好准备后赶到酒馆。令他惊讶的是，等候他的不是手枪而是美酒。

华盛顿站起身来，伸出手迎接他。华盛顿说："佩恩先生，昨天确实是我不对，我不可以那样说，不过你已然采取行动挽回了面子。如果你认为到此可以解决的话，请握住我的手，让我们交个朋友。"

从此以后，佩恩成为华盛顿的一个狂热崇拜者。

用宽容的胸怀对待曾经打击伤害过自己的人，是华盛顿赢得人心的方法。为人处世，如果能够在关键的时候退让一步，忍让一下，用宽容化解矛盾，用诚恳打动人心，那么人间就会多了很多朋友，少去很多烦恼。

人生在世究竟该怎样做人？从古至今是人们争论的一个话题。是"争一世而不争一时"，还是"争一时也要争千秋"，是只顾个人私利不管他人"瓦上霜"，还是为人类做有益的事，做些贡献？这实际上是两种世界观的较量。生活中，一个心胸狭窄的人，凡事都跟人斤斤计较，如此必然招致他人的不满。人在世时宽以待人，善以待人，多做好事，遗爱人间必为后人怀念，所谓"人死留名，虎死留皮"，爱心永在，善举永存。而恩泽要遗惠长远，则应该多做在人心和社会上长久留存的善举。只有为别人多想，心底无私，眼界才会广阔，胸怀才能宽厚。

宽容曾经伤害你的人，除了不让他人的过错来折磨自己外，还处处显示着你的淳朴、你的坚实、你的大度、你的风采。那么，在这块土地上，你将永远是胜利者。只有宽容才能愈合不愉快的创伤，只有宽容才能消除一些人为的紧张。学会宽容，意味着你不会再心存芥蒂，从而拥有一分流畅、一分潇洒。在生活中我们难免与人发生摩擦和矛盾，其实这些并不可怕，可怕的是我们常常不愿去化解它，而是让摩擦和矛盾越积越深，甚至不惜彼此伤害，使事情发展到不可收拾的地步。用宽容的心去体谅他人，真诚地把微笑写在脸上，其实也是善待我们自己。当我们以平实真挚、清灵空洁的心去宽待对方时，对方当然不会没有感觉，这样心与心之间才能架起沟通的桥梁，这样我们也会获得宽待，获得快乐。

其实，即使你怀抱着真理也不要去争吵和计较，因为有朝一日你也很可能会犯同样的错误；其实，一切的赌气和忌妒都是不好的习惯与性格，因为如果你不能善待别人的缺点和毛病，你就将会产生使人难以亲近和忍受的糟糕脾气；其实，过激是一种最廉价的表现，除非你不打算再与对方交往，否则还是要学学宽容，学学善待别人，因为任何人身上都不可能没有你看着不顺眼的缺点和惹你不快的坏毛病。

学会宽容，多一点宽容，你的人生将多一份成功的自信和资本；学会宽容，多一点宽容，你的生命将多一点空间和机遇；学会宽容，多一点宽容，你将赢得自己，赢得他人，赢得整个人生。

好处要能与人分享

互惠互利，就是使合作者之间都能够得到优惠和利益，使合作的结果皆大欢喜，这是双赢思维的典型体现。但是，要做到互惠互利不仅仅是一方的事情，它要求合作的任何一方都要有双赢的品格、过人的见地以及积极主动的精神。而且应以安全感、人生方向、智慧和力量作为基础。这对于良好生存境界的抵达具有积极意义。

在一个伸手不见五指的夜晚，一个僧人行走在漆黑的道路上，因为夜太黑，僧人被路人撞了好几次。

为了赶路，他继续走着，突然看见有个人提着灯笼向他这边走过来，这时候旁边有人说："这个瞎子真是奇怪，明明什么都看不见，每天晚上还打着灯笼。"

路人的话让僧人很是纳闷，盲人挑灯岂不多此一举？等那个提着灯笼的人走过来的时候，他便上前询问道："请问施主，老僧听说你什么都看不见，这是真的吗？"

| 第七章　友情培养：勿让自己搁浅在无人问津的孤岛 |

那个人回答说："是的，我从一生下来就看不到任何东西，对我来说白天和黑夜是一样的，我甚至不知道灯光是什么样子！"

僧人十分迷惑地问："既然你什么都看不到，你为什么还要提着灯笼呢？难道是为了迷惑别人，不让别人知道你是盲人吗？"

盲人不慌不忙地说："不是这样的，我听别人说，每到晚上，人们都变成跟我一样了，什么都看不见；因为夜晚没有灯光，所以我就在晚上打着灯笼出来。"

僧人无限地感叹道："你真是会为人着想呀，你的心地真是善良！原来你完全是为了别人！"

盲人急着回答："不是，其实我是为了我自己！"

僧人一怔，非常惊讶，便不解地问道："为自己？怎么这么说呢？"

盲人答道："你刚才过来的时候，有没有人碰撞过你呀？"

僧人回答："有呀，就在刚才，我被好几个人不小心撞到了。"

盲人莞尔一笑，说："我是盲人，什么也看不见，但是我从来没有被别人碰撞过。知道为什么吗？因为我提着灯笼，灯笼照亮了我自己，这样他们就不会因为看不到我而撞到我了。"

盲人的想法很简单：点着灯笼照亮自己，免得被撞到，甚至撞伤，他这样做不仅保护了自己，而且还帮助了别人，借着灯笼的光亮，路人走路时也方便了很多。

安东尼·罗宾谈起华人首富李嘉诚时说："他有很多的哲学我非常喜欢。有一次，有人问李泽楷，他父亲教了他一些怎样成功赚钱的秘诀。李泽楷说赚钱的方法他父亲什么也没有教，只教了他做人处世的道理。李嘉诚这样跟李泽楷说，假如他和别人合作，假如他拿七分合理，八分也可以，那李家拿六分就可以了。"

也就是说，他让别人多赚二分。所以每个人都知道，跟李嘉诚合作会占到便宜，因此更多的人愿意和他合作。你想想看，虽然他只拿六分，但现在多了一百个人，他现在多拿多少分？假如拿八分的话，一百个会变成五个，结果是亏是赚可想而知。

　　李嘉诚是个精明的生意人，而做生意都是以盈利为目的的，赔钱的买卖没人愿做，与别人合作时，自己总是少拿二分，不是李嘉诚没有私心，而是他的生意手段太高明了！其他生意人因为和李嘉诚合作，每笔生意多赚了二分，但李嘉诚却因为少拿这二分而多赚了几百分，这种互利给双方都带来了好处，如果世界上能多一些这样的互利关系，那每个人都应该举双手赞成。

　　人类最大的财富正是资源的分享，在现实社会中，只要不是损人利己，在物竞天择的自然规律下，互利也可以是一种合理的行为，那是人际间互动形态的多元与多样的表现。

第八章 思维拓展：
想别人所未想，才能胜人一等

随着时代的转变，我们的思想也应该有所转变，你一定看过穿越题材的电视剧或者是小说，如果你要一个唐朝的人活在现代，那么许多事对于他们真是难以想象，在他们的眼里，或许我们经常看到的汽车就是怪物，或者我们吃的菜肴就是毒药，或许我们的穿着就是不伦不类。这就是说，在不同的时代人们的思想是不同的，因此，想要实现自己的成功，就要让自己学会转变思想对待成功。

你的思想转变得越快，你的成功就越快

在这个社会上，不是所有的事情都是如你所愿的，相反，在很多时候，事情的发展往往是不尽如人意的。所以说在这个时候你就要想办法改变自己。如果你改变不了外界，那么你只能改变自己。而改变自己的第一步就是要转变思想，一个人的思想很重要，如果你能够让自己的思想顺应事情的发展，那么你就能够很快得到你想要的或者是达到你的目标。在选择面前也是一样，如果你能够让自己的思想转变，然后你会发现自己的选择就是成功。

不管你想要什么样的选择，都不要让自己的思想和事物的发展不相符，每个人都会有自己的思想，但是在事物的发展面前都要学会转变思想。如果你的思想转变得跟实际相符合的时候，你就能够实现自己的发展和获得让自己成功的机会。

不过思想不是说转变就能转变过来的，在很多时候一个人的情绪往往会左右一个人的思想，如果你控制不好你自己的情绪，那么你很有可能会让自己变得偏激。在这个时候，即便你希望自己获得更好的发展，即便你希望自己做出更好的选择，也会因为你的情绪而让自己失去选择的机会。所以说在选择的时候要先控制自己的思想，从而让自己做出更好的选择。

一个人的思想如果能够顺着事物的发展而转变，那么就能够获得更多成功的机会，不管你是否能够成功，最重要的是你能够实现最终的梦想，一个人不管选择什么，最重要的是能够让自己从选择中获得欣慰和快乐。如果你能在考虑事情的时候，从别人的角度出发，那么你会感受到事物发展的两面性，你也就能够获得成功的机会。

世界上有一种昆虫，它没有眼睛，但是它总是会朝前走，一直走到它碰壁之后才会调转方向，但是不管是怎么调转方向，它都能够找到自己的家。这种昆虫不管在什么时候都能感受到自己的家在哪个方位，它在碰壁之后懂得转变方向，即便是转变方向也总能够找到自己的家。

这小小的昆虫，即便是没有眼睛，但是凭借着自己的感觉也能够找到属于自己的家。人也应该做到这样，即便你不能够看到社会的变化，那么你也应该先学着转变自己的思想，让自己的思想得到更大的进步，如果你能够认识到这一点，那么最终你就能够实现自己的成功。

人也应该如此，当你在转变方向的时候，你要明白自己想要的是什么，在选择的时候，你要知道自己的转变是为了找到自己的"家"，而不是无谓的转变。在你能够转变自己思想的同时，希望你能够让自己感受到一丝丝的快乐。最终，你也能够实现自己的成功。

随着社会的发展，在很多时候，你必须要转变自己的思想，这样才能朝着成功努力。一个人的心态十分重要，如果不管做什么事情，你都能够有一个良好的心态，那么你也就能够实现自己选择的成功。所以说一个人的心态往往是决定自己成功与否的关键因素之一。

心态固然重要，但是没有目标的转变是不行的，如果你不知道自己想要什么或者说不知道自己做事情的目的是什么，那么即便在做事情的过程中遇到了困难或者是挫折，你也不会主动去转变自己的思想。相反，你可能会选择更加固执地坚定自己的思

想，最终，让自己遍体鳞伤，所以说要想让自己做出更好的选择，那么你就要实现自己的成功选择。

在这个变化的社会中，一切都在发展，如果你的思想不跟随时代的发展，那么你会发现自己的思想已经脱离了社会，自己的人生也必将会被边缘化，所以说你要学会在适当的时候转化自己的思想，让自己的思想紧跟时代的潮流，最终实现自己的进步，只有这样你才能够让自己得到更多的机会，从而拥有更辉煌的未来。每个人的人生都是不一样的，但是不管是怎样的人生，只要你懂得跟随社会的脚步，那么你就不会被落下。

要想转变自己的思想，你就要敢于去认识世界，敢于去认知世界，尤其是认识自己周边的一切，因此这个时候你就要放远自己的眼光，让自己的眼光中充满快乐。每个人的人生都不会是一样的，但是不管是什么样的人生，你所需要的就是让自己变得更加快乐。如果你能够认知世界上的新鲜事物，那么你会发现自己的人生中充满激情，自己的生命中也会存在不一样的光彩，最终自己的成功也将会变成必然。

每个人都有每个人的价值，你的选择也要有价值，这样你才能够让自己获得更多的成功。所以说要想实现自己的成功就要学会转变思想，朝着自己的方向出发，赢得成功。

你的思想转变得有多快，你的成功就有多快，所以说不管在什么时候，只要你想要实现自己的梦想。就要善于抓住事物的发展规律，让自己取得更快的飞跃，最终实现自己的梦想。每个人的思想都可能有落伍的那一天，因为世界在不停地变化，社会在不停地发展。但是，如果在不同的事情面前你能够更好地转变自己的思想，那么你就会找到自己成功或者是找到自己选择的机会。

| 第八章　思维拓展：想别人所未想，才能胜人一筹 |

正确的做事方法会令你事半功倍

为什么有人成功？有人失败？这其实是一个说简单也简单，说复杂也复杂的问题。

有一位颇有成就的励志专家曾讲过这样一个故事：

那天我的一位朋友来看我，他父亲是我的同事，曾在我任教的学校和我在同一间宿舍里生活了一年。他初中文化，工作后因工伤断了一根手指，20多岁就开始病退在家。我正式调来深圳后，帮他在单位找了一份保安工作，但他干了不到三个月就辞职了，从此我们失去了联系。

没想到过了六七年他会来看我，我很高兴。他告诉我他在一家房地产公司做老总，我听了差点吓得跌个跟头。他说他离开学校后就去一家地产公司做销售员，由于工作努力，业绩突出，不久就被提升为销售部负责人。他们公司的主项是与大学合建教师楼。他发现现在大学教师收入很高，而教师宿舍都是一些很老旧的房子，教师又不愿意离开校园生活，因此都想在学校附近买商品房。

刚好他叔叔开了家房地产公司，他认为当地的房价在全国大城市中是最低的之一，他决定去那里发展。他给他叔叔详谈了他的全套想法，他叔叔很赞同，决定让他负责大学城的开发。

果然大学城销售很好，引起了轰动。他说，有的顾客上午来看房，到了下午就又涨价了。

因此，不少大学纷纷找他们公司合作，业务量突飞猛涨。后来他叔叔干脆将公司的主项转到了大学城的开发，并任命他为总经理。

他的成长让我感叹了许久，从他身上我发现，成功者其实跟我们一样普通，他们之所以成功，只是因为他们运用了正确的方法。

记得读初二时，学校举办背英语单词竞赛，我考得很差，但同桌却是全年级第一名，那时我也认为是自己记忆力不好。后来同桌告诉了我他记单词的方法，将单词分类，将加了后缀和相近的单词归类在一起，每天上学、放学的路上，就在心里默默记诵。我采用了他的方法，并按自己的习惯将单词重新分类，不仅上学、放学路上记，临睡前也在心里默默地记一遍，结果到了初三，在学校的背单词竞赛中，我就成了第一名。

这个体会让我知道，成功者运用的方法，我也一样可以学到，也一样可以运用去取得成功。

生理学家经研究指出，人的神经系统大致相同，"成功者"当然也不例外。既然大致相同，那别人能做到的，我们为什么不能做到呢？

成功者只是运用了正确的方法，而他们的方法我们一样可以学到，一样可以运用到生活中，帮助自己取得成功。因此说，注意向成功者学习，掌握向这个社会"进击"的正确方法和技巧，无疑是猎取成功的捷径。

成功者用几十年摸索出来的路，我们没必要再用几十年去摸索，我们只要从他们那里学习过来就行了。就像你要去别人家里，最快的方法当然是让他带你去，因为他最熟悉这条路了。所以不论你从事什么行业的工作，进步最快的方法，就是去找你这一行业的最优秀者，向他学习。

多见世面，增长见识，去跟最优秀的人接触、交谈，就是提升自己的捷径。

现在年轻人择业往往考虑的是企业的规模和薪金的高低，这是目光短浅的做法。其实年轻人的路还很长，目前最重要的就是学习，取得经验，掌握长远"作战"的方法技巧。因此，首先要考虑的应该是在这里能学到些什么，对自己未来的发展有什么帮助，这才是有长远眼光，而不是暂时的工作的稳定性和收入的高低。

运动队需要教练，教练的作用很重要；其实人生也需要教练，教练的作用也很重要。我们的人生教练就是那些成功者、教师和一些好的书以及我们周围的所有能帮助到我们的人。因为他们能提供最快捷、最正确的成功技巧，让我们尽可能地掌握人生战场的制胜兵法。

肯动脑，"不可能"也能成为"可能"

在会做事者的字典里，从来就没有"不可能"这三个字，当别人都认为遇到绝境时，他们却能找到突破的方法，这就是思考问题方式不同所造成的区别。思考问题时，我们应该摆脱惯性思维的限制，不去预设立场，然后你就会发现，"不可能"之中往往隐藏着宝贵的机会。

大多时候，人们往往会受到思维定式的限制，一旦碰到用现有方法解决不了的事情，就认为这件事不可能成功了，其实只要你能突破这种惯性思维，你就会知道世界上根本没有所谓的不可能。

在我们被关在思维定式的笼子中时，很多事情我们不敢去尝

试，进而认为它是不可能完成的任务，因为跳不出思维的笼子，所以我们永远也得不到生命中的"甜果"。其实很多看似不可能的事情，只要打开思路，你就可以获得成功。

早在1984年以前，主动申办奥运会的国家乏陈可数，因为那时候举办奥运会都是赔钱的。不过，1984年的美国洛杉矶奥运会则是一个转折点，因为那次奥运会非但没亏一分钱，反而获益2亿多美元。或许有人要问，难道美国人有什么绝招？是的，这是一个名叫尤伯罗斯的美国人施展绝技，创造了这一奇迹。

20世纪70年代，尤伯罗斯已是北美第二大旅游公司的老板，但除了在业界，几乎没人听过他的名字。尤伯罗斯本人爱好体育，并具有创建、发展和管理大型企业的经验，且精通全球公关事务，因此参与了竞争洛杉矶奥运会组委会主席的职位，并一举获得成功。尤伯罗斯上任后，用上了他熟悉的种种商业手段——出售奥运会电视转播权，获3.6亿美元收益；与可口可乐等公司大打心理战，募得超出预计的860万美元赞助费；以往的奥运会万里长跑接力，都是由名人担任，尤伯罗斯却别出心裁，表示谁都可以去跑，只要身体健康。但他同时规定，每1公里需按3000美元收费，结果1.5万公里的路程，共计收得4500万美元。

1984年洛杉矶奥运会的成功，一举令尤伯罗斯享誉海内外。谈及自己的成功之道，他表示："世上的任何事情，只要你肯去想办法、用对方法，就一定会有所突破。"

古人云"水不可逆流"，但事实上，如今仅用一台水泵就能够将"不可"变为"可"。我们所认为"不可能"的事情，只要找对解决方法，就一切皆有"可能"。

观念给我们在思考问题时带来倾向性，解决一般问题的时候可

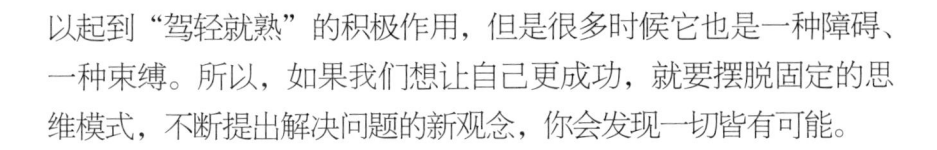

以起到"驾轻就熟"的积极作用，但是很多时候它也是一种障碍、一种束缚。所以，如果我们想让自己更成功，就要摆脱固定的思维模式，不断提出解决问题的新观念，你会发现一切皆有可能。

培养你的创造力

爱因斯坦在"纪念高等教育 300 周年大会"上讲了一段话，他说："没有个人独创性和个人志愿的统一规格的人所组成的社会，将是一个没有发展可能的、不幸的社会。"管理大师彼得·德鲁克也说："不创新就死亡！"

"创新"这个词汇如今在世界范围内使用的频率都非常高，我们的领导者、我们的导师，包括我们自己都对此念念有词。但很多人可能并不知道，"创新"一词出现得非常早，英文"Innovation"起源于拉丁语，它原意有三：一、更新；二、创造新东西；三、改变。

就我们个人而言，对于创新的理解可能并不像经济学家那样深奥，但我们同样可以把它融入生活中，譬如，说别人没有说过的话，这就可以称之为一种创新；做别人没有做过的事，也可以视之为一种创新；想别人没有想过的东西，更是一种创新。创新的作用，就在于它能够改善我们的工作、生活质量，巩固我们的竞争地位，对于我们的人生层次产生根本的影响。

按哲学思想来说，如果要给人生的最高层次定一个标准，那应该是在不断突破中到达自己人生价值的顶点。一个个体可以有很多种活法，但要想避免平庸，就要最大限度地挖掘自身潜能，不断寻找人生中新的突破口，在突破中让自己的人生层次步步升高。

英国有个叫吉姆的小职员，每天坐在办公室里抄写东西，常常累得腰酸背痛。他消除疲劳的最好方法，就是在工作之余去滑冰。不过，如果是在冬季，找个滑冰的地方的确容易，可在其他季节，吉姆就没有这样的机会了。

怎样才能在其他季节滑冰呢？钟爱滑冰运动的吉姆一直在思考这个问题。经过一段时间的冥想，吉姆将脚上穿的鞋和能滑行的轮子这两种形象组合在了一起，经过反复设计和试验，一种"能滑行的鞋"面世了，没错，这就是我们四季都在玩耍的"旱冰鞋"。

其实现在看来，"旱冰鞋"的原理并不难懂，只是在吉姆之前，人们并没有注意到这个"好点子"，对创意的忽略使我们的大脑日益麻木，是我们给自己设置了思维的绊脚石。我们的大脑常常陷入这样的模式：

1. 太过强调用逻辑去分析问题，只用垂直思考方法及着重语言思考。

2. 一开始便替问题下一个定义，往往因此而令思路太狭窄。

3. 喜欢用一些所谓"正统"的看法去看问题，遵循既有的规则去办事，并为以往的经验所限。

4. 认为每个问题都有一个标准的答案，因此只喜欢向一个方向找答案，不能想出多个解决方案。

5. 过早下结论。

6. 抗拒改变，不愿承认改变是生活的一部分。

7. 经常批评新尝试或建议。这种错误的思维方法要注意克服。

这就很容易解释：为什么同样的事情，一个人千方百计办不成，另一个人却能轻而易举解决掉。就是因为思维的差别，思维方式的差别会使命运大不相同。

那么，我们又如何有意识地培养自己的创新思维呢？

这就要求我们必须学会用两种方法思考问题。我们可以做这样一个比喻，假若思考是一部大车，那么逻辑思维和非逻辑思维就是这部车的两个轮子，想要这部车子前进，两个轮子就必须协调运转起来。换言之，在思考的过程中，我们要将非逻辑思维运用在有待创新的问题上，从而提出新设想、打通新思路，其作用主要在于摸索、试探，冲破传统的束缚，打破常规束缚；而要将逻辑思维运用在对新设想、新思路的整理和筛选上，以此归纳出一个解决问题的最佳方案，其主要作用在于检验和论证。

另外，我们还可以在自己的头脑中建立一种"企业家精神"，促进创新思维的活跃度。具体方法如下：

1. 在头脑中建立"私人王国"。

让自己存有一种梦想和意志，在大脑中要去找到一个"私人王国"，或者说是属于"我"的王朝。这对于没有其他机会获得社会名望的人来说，具有特别强烈的引诱力。

2. 困难过滤。

像播放幻灯片一样，将"改变"可能遇到的困难过滤一遍，唤醒你的意志力。我们在自己熟悉的循环流转中是顺着潮流游泳，如果想要改变这种循环流转的渠道，就是逆潮流游泳。从前的助力现在变成了阻力，过去熟悉的数据，现在变成了未知数。这就需要有新的和另一种意志上的努力，去为设想和拟订出新的组合而搏斗，并设法使自己把它看作是一种真正的可能性，而不只是一场白日梦。

3. 体会创造的快乐。

想象一下，创造的欢乐，把事情做成的欢乐，或者只是施展个人能力和智谋的欢乐。这类似于一个无所不在的动机——寻找困难，为改革而改革，以冒险为乐事。

4.升华对胜利的认知。

创新者都存在征服的意志；战斗的冲动；证明自己比别人优越的冲动。他求得成功不仅是为了成功的果实，而是为了成功本身。物质是次要的考虑，而是作为成功的指标和胜利的象征才受到重视。

通过这些，我们可以唤醒自己的创新意识，时刻督促自己进行变化、进而创造，这能保证我们在竞争中时刻处于领先的位置。

敏于生疑，敢于质疑

"打开一切科学的钥匙都毫无疑问是问号，而生活的智慧，大概就在于逢事都问个为什么。"要创造，就必须对前人的想法加以怀疑，从前人的定论中，提出自己的疑问，才能够发现前人的不足之处，才能够产生自己的新观点。世界上很多功业都源于"疑问"，质疑便是开启创意之门的钥匙。

认清这一点对做学问的人来说尤为重要。我们来看看"学问"这个词，它所表达的意思就是"多学多问"，就是要善于发现问题，然后才能通过努力解决问题，这样，学问才能有所进步。

一位大师弥留之际，他的弟子都来到病榻前，与他诀别。弟子们站在大师的面前，最优秀的学生站在最前边，在大师的头

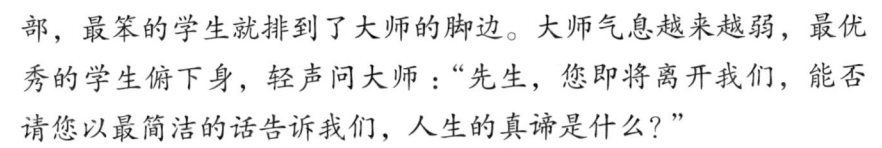

部,最笨的学生就排到了大师的脚边。大师气息越来越弱,最优秀的学生俯下身,轻声问大师:"先生,您即将离开我们,能否请您以最简洁的话告诉我们,人生的真谛是什么?"

大师酝酿了一点力气,微微抬起头,喘息着说:"人生就像一条河。"

第一位弟子转向第二聪明的弟子,轻声说:"先生说了,人生就像一条河。向下传。"第二聪明的弟子又转向下一位弟子说:"先生说了,人生就像一条河。向下传。"这样,大师的箴言就在弟子间一个接着一个地传下去,一直传到床脚边那个最笨的弟子那里,他开口说:"先生为什么说人生像一条河?这是什么意思呢?"

他的问题被传回去:"那个笨蛋想知道,先生为什么说人生像一条河?"

最优秀的弟子打住了这个问题。他说:"我不想用这样的问题去打扰先生。道理很清楚:河水深沉,人生意义深邃;河流曲折转,人生坎坷多变;河水时清时浊,人生时明时暗。把这些话传给那个笨蛋。"

这个答案在弟子中间一个接着一个传下去,最后传给了那个笨弟子。但是他还坚持提问:"听着,我不想知道那个聪明的家伙认为先生这句话是什么意思,我想知道先生自己的本意是什么。'人生像一条河',先生说这句话,到底要表达什么意思?"

因此,这个笨弟子的问题又被传回去了。

那个最聪明的学生极不耐烦地再俯下身去,对弥留之际的大师说:"先生,请原谅,您最笨的弟子要我请教您:'您说人生就像一条河,到底是什么意思?'"

学问渊博的大师使出最后一点力气,抬起头说:"那好,人生不像一条河。"说完,他双目一闭,与世长辞了。

这个故事说明了什么呢？

如果那个"笨学生"没有提出疑问，又或者大师在回答之前死去，他的那句话"人生就像一条河"，也许就会被奉为深奥的人生哲学，他的忠实门生们会将这句话传遍天下。但大师的本意是什么？无从得知。

或许我们可以做这样的猜想：大师在生命的最后时刻想要告诉学生——真理与空言之间往往没有多大的差异。在接受别人所谓的箴言或者板上钉钉的道理时，要在头脑中多想想"为什么"，不要怕提出"愚蠢"的问题，也不要被专家们吓到，质疑是每个人所拥有的权利，也是人类进步的助推器。如果没有质疑，我们看不到达尔文的"人猿同祖论"，看不到哥白尼的"日心说"，我们可能还生活在万恶的旧社会。

遗憾的是，现在的很多年轻人并不善于质疑，更不善于发现，他们拘泥于书本上的内容，完全地照本宣科，凡是书本上说的，就是正确的，凡是权威人士认定的，就绝不会有错。事实上，这些人不可能做出什么有创意的事情，而且若是这样的人多了，人类的文明也就会停滞不前。

从哲学的角度上说，办任何事情都没有一定之规，人生要的就是突破，突破过去就是成功。只是我们之中很多人在处理问题时，习惯性地按照常规思维去思考，一味固守传统、不求创新，不敢怀疑，所以往往会走入人生的死胡同。记住伯恩·崔西的提醒：很多事之所以会失败，是因为没有遵循变通这一成功原则。大千世界变化无穷，生活在这种复杂的环境中，是刻舟求剑、按图索骥，还是举一反三、灵活机动，将直接决定你的生存状态。

我们要做到不固守成法，就要敏于生疑，敢于存疑，能于质疑，并由此打破常规、推陈出新。当然，推陈出新必然会存在风险，因而，我们应允许自己犯错误，并从错误中汲取经验、教训，

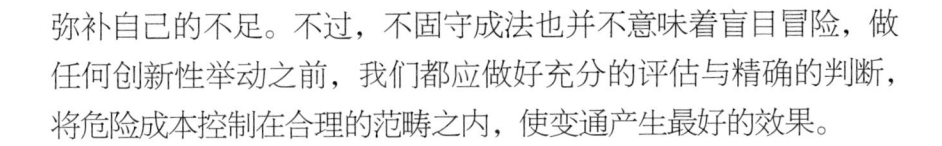

弥补自己的不足。不过，不固守成法也并不意味着盲目冒险，做任何创新性举动之前，我们都应做好充分的评估与精确的判断，将危险成本控制在合理的范畴之内，使变通产生最好的效果。

换个角度看问题，你或许就会看到成功

可能很多人都看过这样一则笑话：美国宇航局曾经为圆珠笔在太空不能顺畅使用而大感苦恼，并出巨资请专家研制新式品种。两年过去了，该科研项目进展缓慢。于是，宇航局向社会悬赏，征求此种"便利笔"。不料，很快来了一个小伙子，他向惊讶的官员们出示自己的"研究成果"——是一支铅笔。其实这个笑话告诉了我们一个道理：如果换个思路、换个角度看问题，你可能就会从失败迈向成功。

有一家生产牙膏的公司，产品优良，包装精美，深受广大消费者的喜爱，每年营业额蒸蒸日上。

记录显示，前十年每年的营业额增长率为15%~20%，不过，随后的几年里，业绩却停滞下来，每个月维持同样的数字。

公司总裁便召开全国经理级高层会议，以商讨对策。

会议中，有名年轻经理站起来，对总裁说："我手中有张纸，纸里有个建议，若您要使用我的建议，必须另付我10万元！"

总裁听了很生气地说："我每个月都支付你薪水，另有分红、奖励。现在叫你来开会讨论，你还要另外要求10万元。是不是过分了？"

"总裁先生，请别误会。若我的建议行不通，您可以将它丢

弃，一分钱也不必付。"年轻的经理解释说。

"好！"总裁接过那张纸后，看完，马上签了一张10万元支票给那年轻经理。

那张纸上只写了一句话：将现有的牙膏管口的直径扩大1毫米。

总裁马上下令更换新的包装。

试想，每天早上，每个消费者挤出比原来粗1毫米的牙膏，每天牙膏的消费量将多出多少呢？

这个决定，使该公司随后一年的营业额增加了25%。

当总裁要求增加产品销量时，绝大多数高级主管一定是在考虑，怎样才能扩大市场份额？怎样才能把产品推广到更多地区？一些人可能连怎样在广告方面做文章都想到了，但这些老生常谈未必起得了作用。只有那位年轻经理换了个思路——增加老顾客的消费量，不是同样能达到增加销售的目的吗？而且这个方法更简单、更有效。灵活的思考对一个人的成功是非常必要的，能够从另一个角度看问题，见人所不见，善于突破常规，这就是创造。

19世纪50年代，美国西部刮起了一股淘金热。李维·施特劳斯随着淘金者来到旧金山，开办了一家专门针对淘金工人销售日用百货的小商店。一天，他看见很多淘金者用帆布搭帐篷和马车篷，就乘船购置了一大批帆布运回淘金工地出售。不想过去了很长时间，帆布却很少有人问津。李维·施特劳斯十分苦恼，但他并不甘心就这样轻易失败，便一边继续销售帆布，一边积极思考对策。有一天，一位淘金工人告诉他，他们现在已不再需要帆布搭帐篷，却需要大量的裤子，因为矿工们穿的都是棉布裤子，很不耐磨。李维·施特劳斯顿觉眼前一亮：帆布做帐篷卖销路不好，做成既结实又耐磨的裤子卖，说不定会大受欢迎！他领着那个淘金工人来到裁缝店，用帐布为他做了一条样式很别致的工装裤。这位工人穿上帆布工装裤十分高兴，逢人就讲这条"李维氏裤子"。消息传开后，人们纷纷前来询问，李维·施特劳斯当机立断，把剩余的帆布全部做成工装裤，结果很快就被抢购一空。由此，牛仔裤诞生了，并很快风靡全世界，给李维·施特劳斯带来了巨大的财富。

在这个世界上，从来没有绝对的失败，有时候只要调整一下思路，转换一个视角，失败就会变成成功。很多人相信，如果失败了，就应该赶快换一个阵地再去奋斗，如果按照这种观点，李维·施特劳斯就应该把帆布锁进仓库里，或廉价甩售出去，但幸好李维·施特劳斯没有这么做。他没有放弃帆布，并且积极寻找解决问题的办法，终于从淘金工人的话里获得了启示：将帆布做成帆布裤，因此获得了成功，失败与成功相隔得并不远，有时也许只有半步距离。所以如果遭遇到了失败，千万不要轻易认输，更不要急于走开，只要保持冷静，勇于打破思维的定式，积极寻找对策，成功一定就会很快到来。

发散式的思维使人赢得更多成功机会。一个聪明的人，不会总在一个层次做固定思考，他们知道很多事情都是多面体，如果你在一个方向碰了壁，那也不要紧，换个角度你就会走向成功。

灵机一动，腐朽也能成为神奇

成功者之所以能够成功，与其与众不同的思维方法存在着莫大关系。这类人很少随波逐流，往往灵机一动就会有一个新点子。生活中，我们也需要这种在别人不注意的地方发现机会的"灵机一动"，这样才能取得令人刮目相看的成就。

　　鸡肋食之无味，弃之可惜，但如果你有一种与众不同的思路做指南，就可以用"鸡肋"做出"大餐"来。

　　一位父亲问儿子："1磅铜可以卖多少钱？"儿子回答说："4美元！"父亲摇了摇头："1磅铜不应该只值4美元。把它做成门把手，我们可以获得40美元，做成钥匙可以卖到400美元！我的孩子，你要记住，只要你有眼光，那么废物也可以变成宝物！"这个孩子牢牢记住了父亲的话。

　　若干年后，这个孩子成为了曼哈顿的一名商人，而且是一名非常出色的商人。有一年广场的自由女神像被拆除了，铜块、木头堆满了整个广场，谁来处理这些垃圾呢？市政厅非常头痛，这个商人听说这件事后，主动请求处理这些东西。当地商人都在暗地里笑他：这么一堆垃圾有什么用呢？何况美国要求垃圾必须分类处理，一不小心就有可能触犯市规，这个傻瓜简直是自讨苦吃！

　　但几周后，这群商人从幸灾乐祸变成了妒恨交加，那么这个商人究竟做了什么呢？他把铜块收集起来铸成了一个个微型自由女神像，再用木块镶了底座，把它们当成纪念品出售，一个星期就被抢购一空。就连广场上的尘土都没有浪费，商人把它们装进一个个小袋子里，当作花盆土卖进花市，总而言之，这堆一文钱没花就得来的垃圾让商人大赚了一笔。傍晚商人给在外地疗养的父亲打了个电话："爸爸，还记得您以前告诉我每磅铜可以卖到400美元吗？""是的，我的孩子，怎么了？""爸爸，我把每磅铜卖到了4000美元！"

　　沾满尘土的碎铜和木头，在大多数人看来就是垃圾，或许那些铜可以卖废品，但那些尘土和木头收拾起来很费劲，看来这实在是一笔赔本生意。当众多商人都认为这是一堆废物和负担时，这个商人却用自己非同寻常的眼光发现了其中的商机，他的非凡之处，不在于他物尽其用的功力，而在于发现机会和可能性的眼光。这种眼光不是随便就能拥有的，它必然要以一种与众不同的思路做指导，而更深层次的来源则应是一种独特的做人智慧。

美国得克萨斯州的宾客桑斯货运公司为了扩大知名度，曾经在广告宣传上煞费苦心，但是效果不佳。因为货运这种枯燥无味的内容对于娱乐第一、消费第一的美国平民百姓来说，简直就是对牛弹琴。无奈之下，他们找到了新闻界的一位朋友，请他出谋划策。这位新闻人士说，广告内容的设计最好能与美国人的日常生活相关。于是，他们想到了结婚，这是普通人最感兴趣的事情之一。后来，公司与当地著名报纸协商，在一篇关于本地夫妇旅游结婚的报道的顶栏处做了这样一个广告："他们在货车上度蜜月，相爱4～5万公里。"广告登出的第二天，立刻就在读者中传开了这样一个话题："谁想出来的歪主意？新婚夫妇在货车上面度蜜月！""还有谁，就是那个宾客桑斯货运公司！"从此，这家公司闻名遐迩，效益斐然。

无独有偶。

在美国举行的第54届总统选举中，候选人布什与戈尔得票数十分接近，但由于佛罗里达州计票程序引起双方的争议，因此导致新总统迟迟不能产生。原计划发行新千年总统纪念币的美国诺博·斐特勒公司面对总统难产的危机，灵机一动，化危机为商机，利用早已经准备好了的布什与戈尔的雕版像抢先发行4000枚银币。

银币为纯银铸造，直径三寸半，不分正反面，一面是小布什的肖像，一面是戈尔的肖像，每枚订购价79美元。结果，短短几日，纪念银币就被订购一空，该公司利用总统难产，大赚了一笔。

看来有头脑的人都会从人们视为废物的东西和危险领域的地方发现机会创造价值。从理论上来说，化腐朽为神奇从来都是费力费神却成功率不高的事。然而在实际生活中，环境却为这些有勇气、有眼光把鸡肋做成大餐的人提供了丰厚的回报。也许人们会认为，他们得到回报完全是由于一种不经意的灵机一动，是一种偶然的幸运。可是，这种不经意的灵机一动中究竟蕴藏了怎样的聪明和智慧呢？盲目随大流、长时间形成的思维习惯和心理定式束缚着人们的大脑，因此，能够换一种思路，不随大流做人做事，无论如何都是难能可贵的。我们倡导换一种思路，就是要解除尽可能多的人为的束缚，以期有更多的"灵机一动"。

第九章　机遇拦截：
抓住先机，才能超人一步

一个"先"字会使一切变得主动。当一个机会出现，5%的人知道赶紧做，这就是先机！当有50%人都知道时，这个机会就不值钱了；当超过50%的人都去做时，这就不能称之为机会了。慢人一步，机会你将不再拥有！收益和财富已然属于他人。人生路上，抢得先机，才能超人一步。我们做任何事都要早谋划、早布置。要有"快人一拍"的时机意识和早做准备的精神。

机会处处都有，就看你够不够聪明

由贫穷走向富裕需要的是把握机会，而机会是平等地铺在人们面前的一条通道。

具有过度安稳心理的人常常会失掉一次次获得财富的机会，所以人生就应当抓住稍纵即逝的机会，过度谨慎就会失去它。

我们常常抱怨，别人发财是因为他的机会好，这样好的机会为什么不落到我们的头上。其实，机会时时处处都有，就是看你是不是聪明，是不是善于捕捉。

闻名全球的麦当劳快餐店的创始者雷·克洛克的成功向人们证明：善于抓住机会的人最可能成功。这样的人独具慧眼，一个买卖，一笔交易，一项工作，一顿饭，都不会轻易放过而不加利用。

克洛克在高中二年级休学离校之后，在几个旅行乐团里做过钢琴师，在芝加哥无线电台做过音乐节目导播，在佛罗里达推销过房地产，还在中西部卖过纸杯。他知道失败的滋味。"在佛罗里达的房地产热潮消退之后，我彻底破产了，"他回想，"我没有大衣，没有外套，连副手套都没有。我在冰冷的街道上驾车回芝加哥，到家之后我已冻成棒冰，满怀失意，不名一文。"

克洛克在1937年开始自己做生意，担任一家经销混乳机的

| 第九章　机遇拦截：抓住先机，才能超人一步 |

小公司头头。混乳机是一种能同时混合拌匀5种麦乳的机器。1954年，他在加利福尼亚州圣伯纳地诺城发现了一家小餐厅，老板是麦克唐纳兄弟——马克和狄克，他们要买8架机器。没有人曾买过那么多，克洛克决定亲自去看看麦氏兄弟的工作。他到了圣伯纳地诺城，马上看出麦氏兄弟已经踏进了一座金矿。"他们要客人站着排队抢购15美分的牛肉饼。"他回忆着说，声音里多少还带着那么点惊讶。克洛克问麦氏兄弟为什么不多开几家餐馆。那时候我心里想的是机器而不是牛肉饼，如果每一家餐馆都买我8架机器的话，我马上就会发财。但是狄克摇摇头，指着附近的山坡，"看到上面那栋房子吗？"他说，"那就是我的家，我喜欢那边。如果我们开了连锁餐馆。我们就永远不会有闲暇回家了。"

克洛克看到他的机会来了，而且立刻把握住。麦氏兄弟很快就答应给他经销权在全国各地开分店，条件是抽取5%的利润。克洛克专心致志地干了起来，他拥有的第一家麦氏餐馆于1955年4月15日在芝加哥郊区开张。第二家同年9月在加利福尼亚州的弗列斯诺市开业，第三家，还是在这一年12月在加利福尼亚州雷萨达市开业。后来增设分店的速度越来越快，到1960年，一共有228家麦氏餐厅分设各地。1968年前，每年大约有100家陆续开张。以后更增加到每年200家。

1961年，克洛克以2700000美元向麦氏兄弟买下主权——包括名号、所有商标、版权以及烹饪处方。自此以后，他跟这两位兄弟彼此就很少联络。当别人问他这两位兄弟的近况时，克洛克说："嗯，我大约一年前和狄克通过电话，可是没见面。他们比我年轻，可是他们歇手了。我可不能抛锚，当你年轻的时候只要能奔，就得前进；到你老了，一停手就会僵化。"

虽然狄克和马克是创始者，但是显然他们不是属于做大生意的人。因为他们心甘情愿地白白葬送良机。但愿我们能够从中肖取教训。其实，每个人都有一个好运降临的时候，但他若不及时注意，或竟抛开机遇，那就并非机缘或命运在捉弄他，这归咎于他自己的疏懒和荒唐；这样的人只好抱怨自己。机遇对于每个人而言都是平等的，关键在于，当机遇来临时，你所采取的是何种态度。

机遇带有一层神秘面纱，但绝非无法参透和洞悉。聪明人更善于一边经营生活、经营人生、经营家庭，一边捕捉身边的每一条信息，寻找足以令自己去的飞跃或成功的机遇。若是时机尚未成熟，他便暗蓄力量、厚积薄发，低调营造着自己的生活；可一旦时机成熟，他们必然会牢牢抓住机遇，顺势而上，将自己的人生、事业推向巅峰。

没有做好准备，很难得到机遇的青睐

凯文与一些朋友去钓鱼，在购买渔具的时候，他坚持要买重性的钓鱼竿和线轴。朋友开玩笑地说："你打算捉一头鲸鱼吧？"凯文笑了笑说："你猜对了，我就是这样想的。"

钓鱼时，朋友的渔线被一条大鱼挣断了，他只能眼睁睁地看着大鱼从自己眼皮下溜走，这才后悔没有准备重一些的钓具。几分钟后，凯文的线突然被拉紧了，是一条大鱼！凯文足足花了半个多小时才把战利品拖上岸——是一条40磅重的大家伙！人们都对他的远见肃然起敬。

凡事预则立，不预则废，这句话是在说准备的重要性。机遇的把握也是如此，只有长期的准备才能把握住机遇。所以，不要厌烦前期的准备，因为你一切的努力不会白费，这些努力其实是拓展和加强实力的过程，而能把握住机遇其实是之前所有努力准备的集成。机遇是一个人的命运转折点，一生里能有的机遇实在有限，由于没有准备而平白错过实在是可惜。成功就像是水到渠成，现在不努力把渠建设好，等机遇如水般涌来，没有渠，机遇也就四散流失掉，更不用谈成功了。没有准备拿什么留住机遇，又拿什么来获取成功呢？

成功不是空中楼阁，它需要基础和支撑。准备好规划和所有的材料，机遇一来，就能建设出属于自己的成功！

那些成功者正是因为早有准备，所以当机遇来临之时，才能牢牢将其抓住。其实在很大程度上，能力就是机遇，有机遇而无能力，也只会错失良机，争气又从何谈起？那么我们不妨分析一下，究竟哪些人不易得到机遇的青睐。

1. 守株待兔者没有机遇。

热衷于等待的人总是把希望寄托在明天，等明天吧！明天也许会更好，而明日复明日，明日何其多？从黑发少年等到白胡子老人，最后等来的只能是南柯一梦。把等待作为应付生命的手段，其本质就是懒惰。看见一只兔子偶然撞死在树桩上，于是就放弃了劳作，以为整天守在那里机遇就可以降临了，这种守株待兔的心态是懒汉们的共性。

2. 不善交际者没有机遇。

获得机遇需要勤奋，但是仅仅勤奋是不够的，同时还要有极强的交际能力。如果我们仔细观察就会发现：那些成功的人士大多数都是善于交际的人。在现在这个竞争激烈的社会中，尤其需要多方面展示自己的才能，表现自己的能力，开拓更广泛的社会范围。

3. 惧怕失败者没有机遇。

畏惧失败和缺少自信心是相伴而生的。畏惧失败的人本身就是缺少自信，没有自信自然也就害怕失败。俗话说，失败乃成功之母。其实失败是人生不可避免的考验，任何人都不可能没有经历过失败。要想取得成功，就必须勇于面对失败，如果畏惧失败，就难以越过失败这道屏障去取得成功。

4. 白日做梦者没有机遇。

一个年轻人去公司应聘，公司负责人告诉他只招聘助理，月薪三千。年轻人不屑一顾："我很早就开始打工了，我的前一份工作是在一个网站任总编，月薪一万！你说，我能干你这月薪三千块钱的工作吗？"

一个老板曾经说过这样的话："如果你想要毁掉一个人，你就给他高薪，高得让他自己都摸不着北，然后你再以小河难养大鱼为借口，委婉地劝他另谋高就。他一旦离开你的公司，这个人就什么也干不了了。"

不切实际的空想家即使面对许多发展的机遇，也会被他眼高手低的标准衡量掉的。

5. 漫无目标者没有机遇。

一个孩子和他的父亲在雪地里比赛谁走的路线最直，于是孩子把自己的一只脚对准另一只脚尖，谨小慎微地往前走，他费了好大劲走了半天，还是不直。可是他的父亲却是大步流星地直奔一棵大树走去，结果可想而知，父亲的足迹是一条既简洁又笔直的路线。漫无目的的人，即使再修饰自己的足迹，终究是徘徊在一个小圈子里无所作为，只有直奔目标的人才能够把握住机遇，走向辉煌的前程。

6.见异思迁者没有机遇。

人有一个最大的弱点，总是容易被外界环境所影响，被一些诱惑所左右。本来一个人练习书法很投入，可是看见朋友们在学画画，于是放弃了自己正在做的事情，盲目追逐别人的喜好去了。见异思迁者即使在机遇来临之时，也首鼠两端，干什么才好呢？犹豫当中，机遇就弃他而去了。

机遇并不是公交车，它不会定时来到你身边，它需要你认真地准备和刻意去追求。"我没有机会"——这永远只是失败者的托词。

该出手时就出手，风风火火闯九州

其实，人的一生，能够斗志昂扬、精力充沛的黄金阶段并不多，与其年迈时空叹韶华白头、精力不再，不如怜取眼前时机，将遗憾从生命中彻底赶走。聪明人都很清楚，一次机遇对于一个普通人而言，是何等宝贵、何等重要！所以当机遇来临时，他们从不犹豫，伺机而动，一击即中，因而机遇也成就了他们。

那些成功之士之所以能够成功，很大程度上取决于他们雷厉风行的性格。他们在机遇面前果敢无畏，该出手时就出手。诚然，他们也会有犯错之时，但即便如此，亦不知强过那些犹豫不决之人多少倍，因为他们出手的次数越多，能够抓住的机会也就越多，成就自然也就越大。而那些失败者失败的原因，则主要在

于他们不具备辨别机遇的能力，更别谈驾驭机遇的手段。兵法有云："用兵之害，犹豫最大也。"细细思量，人生又何尝不是如此呢？所谓"机不可失，时不再来"。犹豫不决的直接后果，就是导致你在人生的竞技场上折戟沉沙。事实上，雷厉风行的性格、"一剑封喉"的手段，俨然已经成为当代人成功的秘诀之一。

李嘉诚在创业之初，就显示出他果断、干练的做事风格，这在他的财富积累过程中起到了决定性的作用。

20世纪50年代中期，欧美市场兴起塑料花热，家家户户及办公大厦都以摆上几盆塑料制作的花朵、水果、草木为时髦。面对这种千载难逢的商机，李嘉诚当机立断，丢下其他生意，全力以赴投资生产塑料花，并一举建立了世界上最大的塑料花工厂"长江塑料花厂"，李嘉诚也因此而被誉为"塑料花大王"。20世纪60年代初期，在大家仍然看好塑料花生产的时候，李嘉诚却预感到塑料花市场将由盛转衰，于是立即退出塑料花，避开了随后发生的"塑料花衰退"的大危机。

接着他注意到香港经济起飞，地价将要跃升，于是开始关注房地产业。他迅速投资购买大量土地，并在激烈的竞争中凭借自己的果敢，一举击败了素有"地产皇帝"之称的英资怡和财团控制下的置地公司，创造了房地产业"小蛇吞大象"的经典案例。李嘉诚也在这场房地产大战中积聚了巨额的财富。

后来，有人在总结李嘉诚成功的经验时，将之归结为：反应敏锐，果断处事；能进则进，不时则退。

而李嘉诚也因为自己处事果断，在香港及亚洲经济界获得举足轻重的地位。李嘉诚的成功，其果断决策起了决定性的作用。

回顾李嘉诚这条成功之路我们不难看出，机遇更加眷爱那些目光独到、有能力掌控自身命运的人。一如开篇所说，我们的黄金期本就不多，根本不允许去浪费，所以一旦机遇出现，只要看准了就别犹豫，要像猎鹰一样一击即中。

当然，这里说的"该出手时就出手"，并不是指轻率冒进、意气用事，而是指经过"三思"之后的当机立断。

想好就干，神速出击，这是值得任何一个现代人深深体会和借鉴的。那么，我们怎样才能果断地作出决定呢？大家可以试着这样去做：

1. 已经作出的决定，就不要反复。

我们一旦作出了某个决定或是确定了某一目标，就应该想法在现有的条件下促进成功，而不是一再怀疑自己所作的决定正确与否。

2. 必要时，也要"一意孤行"。

诚然，我们的确应该适当听取一下别人的意见，博采众长以为己用，但我们却不能因此而束缚了自己的思维。有些时候，可能有人甚至是大多数人都不同意某件事，而你却对此十分向往，你认为这样做应该是对的，那么你大可以坚定自己的立场。

3. 淡定取舍，权衡利弊。

我们的生活中充满了选择，有时会觉得两种选择各有利弊，难以做出决断。在这种情况下，我们需要遵循的守则就是"两利相权取其大，两害相衡取其轻"。孟子曾经说过："鱼我所欲也，熊掌亦我所欲也，二者不可得兼，舍鱼而取熊掌者也。"假如说我们什么都不想舍、什么都不愿放，就那样迟疑不决，则很可能我们不仅会失去鱼，还会失去熊掌。

我们需要努力训练自己在做事时当机立断的能力，就算有时会犯错误，也比那种犹豫不决、迟迟不敢作决定的习惯要好。成千上万的人虽然在能力上出类拔萃，却因为犹豫不决的行动习惯错失良机而沦为平庸之辈。当机遇来临时，我们就要迅速地抓住它，尽快用行动滋养它，让它生根发芽蜕变为成功。

过度谨慎，最容易失去成功的机会

那种活得过于仔细的人，他们往往借口条件还不具备，不肯轻易付诸行动，因而错失了很多良机。

也许你听过这个笑话：

"昨天晚上，机会来敲我的门，当我赶忙关上报警器，打开保险锁，拉开防盗门，它已经走了。"

这个故事的寓意是：如果你活得过于仔细，你就可能错失良机。

吉恩快40岁了，他受过良好的教育，有一份安定的会计工作，一个人住在芝加哥，他最大的心愿就是早点结婚。他渴望爱情、友谊、甜蜜的家庭、可爱的孩子以及种种相关的事。他有几次差点就要结婚了，有一次只差一天就结婚了。但是每一次临近婚期时，吉恩都因不满他的女朋友而作罢。

有一件事可以证明这一点。两年前吉恩终于找到了梦寐以求的好女孩。她端庄大方、聪明漂亮又体贴。但是，吉恩还要证实这件事是否十全十美。有一个晚上当他们讨论婚姻大事时，新娘

| 第九章　机遇拦截：抓住先机，才能超人一步 |

突然说了几句坦白的话，吉恩听了有点懊恼。

为了确定他是否已经找到理想的对象，吉恩绞尽脑汁写了一份长达4页的婚约，要女友签字同意以后才结婚。这份文件又整齐，又漂亮，看起来冠冕堂皇，内容包括他所能想象到的每一个生活细节。其中有一部分是宗教方面的，里面提到上哪一个教堂、上教堂的次数、每一次奉献金的多少；另一部分与孩子有关，提到他们一共要生几个孩子、在什么时候生。

他把他们未来的朋友、他太太的职业、将来住哪里以及收入如何分配等，都不厌其烦地事先计划好了。在文件结尾又花了半页的篇幅详列女方必须戒除或必须养成的一些习惯，例如抽烟、喝酒、化妆、娱乐等。准新娘看完这份最后通牒，勃然大怒。她不但把它退回，又附了一张便条，上面写道："普通的婚约上有'有福同享，有难同当'这一条，对任何人都适用，当然对我也适用。我们从此一刀两断！"

吉恩先生还委屈地说："你看，我只是写一份同意书而已，又有什么错？婚姻毕竟是终身大事，你不能不慎重其事啊！"

吉恩真是大错特错。他可能过分紧张，过度谨慎，但不论是婚姻，或是任何一件事情，你都不能过分吹毛求疵，以免你所订的每一种标准都偏高了。吉恩先生处理问题的做法，跟他对工作、积蓄、朋友的交情，甚至每一件事情都很相像。

席第先生的经历也很有代表性，他不满现状，但他一定要等到万事俱备以后才去做，结果……

第二次世界大战之后不久，席第先生进入美国邮政局的海关工作。他很喜欢他的工作，但5年之后，他对于工作上的种种限制、固定呆板的上下班时间、微薄的薪水以及靠年资升迁的死板

- 181 -

人事制度。

　　他突然灵机一动。他已经学到许多贸易商所应具备的专业知识，这是他在海关工作耳濡目染的结果。为什么不早一点跳出来，自己做礼品玩具的生意呢？他认识许多贸易商，他们对这一行许多细节的了解不见得比他多。

　　至从他想创业以来，已过了10年，直到今天他依然规规矩矩在海关上班。

　　为什么呢？因为他每一次准备搏一搏时，总有一些意外事件使他停止。例如，资金不够、经济不景气、新婴儿的诞生、对海关工作的一时留恋、贸易条款的种种限制以及许许多多数不完的借口，这些都是他一直拖拖拉拉的理由。

　　其实是他自己使自己成为一个"被动的人"。他想等所有的条件都十全十美后再动手。由于实际情况与理想永远不能相符，所以只好一直拖下去了。他的理想也就成了空想。

　　具有过度安稳心理的人常常会失掉一次次获得财富的机会，所以人生就应当抓住稍纵即逝的机会，过度谨慎就会失去它。

　　我们知道，这种过度安稳的心理，并不能给人带来真正的安全感。

　　真正的安全是现在的工作，这种安全无法给予或提供，必须由自己来争取。

　　字典上指出，安全是免于风险与危险的自由，免于疑惑或恐惧的自由，不是焦虑或未确定等。麦克阿瑟将军说："安全是生产的能力。"为自己的需要努力生产而获得自尊与自信的人，总是比将问题留给别人去解决的人，来得安全。

　　工作带来比生活所需更多的东西，它把生命给了我们。任何人只有能供养自己并贡献于他人时，才能感到真正的快乐。

| 第九章 机遇拦截：抓住先机，才能超人一步 |

塞万提斯说："取道于'等一会儿'之街，人将走入'永不'之室！"此话说得太对了。我们都知道，在职者比失业者更容易找到比较好的工作。失业很久的人，就更不易找到好工作了。

大部分人共同存在的一个问题，就是对工作过分挑剔，一直在寻找完美的工作或雇主，可是他们并不自知他们不是完美的员工。许多人过分强调工作应当能提供成就、假期、病假与退休。对于已经有工作，且做得相当好的人而言，这个要求并不过分；而没有工作的人，一开始便如此要求，似乎野心过大。

你至少要先起步，才能到达高峰。一旦起步，继续前进便不太困难了。工作越是困难与不愉快，越要立刻去做。你等得越久，就变得越困难，越可怕，有点像第一次站在游泳池的跳板上准备跳下去一样，你等得越久，跳水的机会就越渺茫。

在我们的一生中，每个人都有良机佳遇的到来，但总是一瞬即逝。我们当时不把它抓住，以后就永远失掉了。

拖延往往会生出悲惨的结局，凯撒因为接到了报告没有立刻展读，遂一到议会便丧失了生命；拉尔大佐正在玩牌，忽然有人送来一个报告，说及华盛顿的军队，已经进展到拉华威，他将来件塞入衣袋中，牌局完结他才展开那报告，他立刻调集部下、出发应战，但时间已经太迟了，结果全军被掳，而他本人也以身殉国，仅仅是几分钟的延迟使他丧失了尊荣、自由与生命！

应该就医而拖延着不去就医，以致病情严重而不能再被医治，这样的人为数不少吧！

习惯之中足以误人的无过于拖延的习惯，世间有许多人都是为此种习惯所累而至陷入悲境。拖延的习惯，最能损害及减低人们做事的能力。

你应该极力避免拖延的习惯，像避免一种罪恶的引诱一样。

假使对于某一件事，你发觉自己有着拖延的倾向，你应该直跳起来，不管那事怎样困难，立刻动手去做不要畏难、不要偷安；这样久而久之，你自能扑灭那拖延的倾向。

应该将"拖延"当作你最可怕的敌人；因为它要窃去你的时间、品格、能力、财富与自由，而使你成为它的奴隶。

我们需要冒险，但也不要盲目冒险

风险就是由于形势不明朗，造成失败的因素。冒风险是知道有失败的可能，但坚持掌握一切有利因素，去赢取成功。

风险有程度大小的区别。风险愈小，利益愈大，那是人人渴望的处境。成功人士会时刻留意这种有利的机会。但他们宁愿相信，风险愈大，机会愈大。成功人士不会贸然去冒风险，他会衡量风险与利益的关系，确信利益大于风险，成功机会大于失败机会时，才进行投资。成功人士虽甘愿冒险，但从不鲁莽行事。风险的成因，是形势不明朗。若成功与失败清楚地摆在面前，你只需选择其一，那不算风险。但当前面的路途一片黑暗，你跨过去时，可能会掉进陷阱、深谷里，但也可能踏上一条康庄大道，很快把你带领到目标中去。于是风险出现了，或停步，或前进，你要做出选择。

前进吗？可能跌得粉身碎骨，也可能攀上高峰。停步吗？也许得保安全，但也许错过大好良机，令你懊悔不已。

成功人士事前预计到种种可能招致的损失，对自己说："情形最糟，也不过如此！"然后拼尽所能，去实现目标，即使失败了，也觉坦然，对自己、对别人无愧。

第九章　机遇拦截：抓住先机，才能超人一步

一说到冒险精神，人们就会联想到发现美洲新大陆的哥伦布：

哥伦布还在求学的时候，偶然读到一本毕达哥拉斯的著作，知道地球是圆的，他就牢记在脑子里。经过很长时间的思索和研究后，他大胆地提出，如果地球真是圆的，他便可以经过极短的路程而到达印度了。自然，许多有常识的大学教授和哲学家们都耻笑他的意见；因为，他想向西方行驶而到达东方的印度，岂不是痴人说梦吗？他们告诉他：地球不是圆的，而是平的，然后又警告道，他要是一直向西航行，他的船将驶到地球的边缘而掉下去……这不是等于走上自杀之路吗？

然而，哥伦布对这个问题很有自信，只可惜他家境贫寒，没有钱让他去实现这个冒险的理想，他想从别人那儿得到一点钱，助他成功，但一连空等了17年，还是失望，所以，他决定不再向这个"理想"努力了。因为使他忧虑和失望的事情太多了，竟使他的红头发也完全变白了——虽然当时他还不到50岁。

直到1492年8月，在西班牙女王的支持下，哥伦布率领三艘船，开始了一个划时代的航行。刚航行几天，就有两艘船破了，接着又在几百平方公里的海藻中陷入了进退两难的险境。他亲自拨开海藻，才得以继续航行。在浩瀚无垠的大西洋中航行了六七十天，也不见大陆的踪影，水手们都失望了，他们要求返航，否则就要把哥伦布杀死。哥伦布兼用鼓励和高压两手，总算说服了船员。

也是天无绝人之路，在继续前进中，哥伦布忽然看见有一群飞鸟向西南方向飞去，他立即命令船队改变航向，紧跟这群飞鸟。因为他知道海鸟总是飞向有食物和适于它们生活的地方，所以他预料到附近可能有陆地。果然很快发现了美洲新大陆。

当他们返回欧洲报喜的时候，又遇上了四天四夜的大风暴，

- 185 -

船只面临沉没的危险。在十分危急的时候，他想到的是如何使世界知道他的新发现，于是，他将航行中所见到的一切写在羊皮纸上，用蜡布密封后放在桶内准备在船毁人亡后，使自己的发现能够留在人间。

哥伦布他们总算很幸运，终于脱离了危险，胜利返航了。无须赘言，哥伦布如果没有不怕困难、不怕牺牲、勇往直前的进取精神，"新大陆"能被早日发现吗？

哥伦布的探险成功了。

可惜，哥伦布至死都不知道自己发现的是美洲新大陆，他还以为，自己只不过是发现了一条到达印度的新航路而已，所以把美洲红皮肤的土人，也称呼为"印度"。

哥伦布那种无畏、勇敢和百折不回的精神，真值得作为我们的模范。当水手们畏惧退缩的时候，只有他还要勇往直前；当水手们"恼羞成怒"警告他再不折回，便要叛变杀了他时，他的答复还是那一句话："前进啊！前进啊！前进啊！"

靠石油事业一夜之间成为成功人士的人中，有位叫保罗·盖蒂。似乎幸运的人多半如此，他在年轻时，也受到过许多的挫折。几经挫败之后，他以500美元的便宜价格购得一矿区，终于挖出石油。此处一天可生产7000桶的石油，所以他立刻变成成功人士。当时，周围的人都以充满忌妒的口吻说：

"保罗真是太好运了！"

可是，这和中奖类的幸运不同，因为他的行为值得带来幸运，获得报酬也是理所当然的。

实际上，据说石油的钻探并没那么容易，钻1000口井，其中有石油的大约只有200口，而钻出的石油能够卖出获利的只有

5口，也就是仅仅0.5%的概率。再加上钻探一口油井的经费，真可说是凄惨的连续作战，不单要有资金，更要有勇气（冒险心）才行。由这个角度看来，保罗·盖蒂是有资格成为成功人士的。

"不！那只是幸运挖到而已，着手去做成功率低的事，这是有勇无谋。"

或许有人会这么说。姑且不论钻油是否属于投机性事业，但事实上当时的钻油者常想："迟早总会挖到！"光就这层意义而言，的确是太投机了。但保罗的情况不同，因为当时钻油几乎都不重视所谓的"地质学"，探测师的主流从来都是凭对土地的实感来钻探的，由于如此，他们一听到地质学，就都轻蔑地冷笑。可是，聪明的保罗不只对土地有灵感，也很努力学习地质学，更仔细听专家的意见，尽量收集有限的资料选定矿区。结果，他才能掌握幸运，以500美元的低价购得矿区。

保罗·盖蒂不只是有冒险心的人，其慎重也可见。换句话说，他已充分了解冒险心和冲动是不同的。保罗的经验告诉我们：虽说为了招来财富，冒险精神是必要的，但绝对不可以冲动。因为冒险精神与冲动看起来好像差不多，其实本质上是天壤之别。财富绝对不会对懦弱的人微笑，同样地，对于有勇无谋的冲动派没什么兴趣。

一位成功人士说："对于有失去一切可能性的事业，投注一生的积蓄，那就是有勇无谋。虽然没有经验，心生不安，但向藏有新的可能性的工作挑战，那才是有勇气的行为。"

关注信息，会为我们开启一扇机会之门

21世纪是一个信息高度发达的时代，许多机遇就存在于信息之中，而信息俨然也成了各种书籍与媒体使用频率最高的词汇之一，"信息化浪潮""信息经济""信息技术"等词语不断闪现在我们眼前。在人们的交往过程中，拥有信息的多少已然成为机会和财富的象征，掌握信息的人往往显得更有能力，易成为人们瞩目的焦点。因为有了信息的积累，思路就会随之拓宽，就有可能掌握到更多的知识。

"信息爆炸"给人们带来了无穷的机会，可以说在当今社会中，谁获取的信息最多，谁就是这个社会的成功者。因为每一条信息会为我们开启一扇机会之门，使我们通向成功。

我们来看看下面这个故事，应该会对大家有一定的启发：

哈默在16岁时，已决定不再从家里要钱，自己开始挣钱了。一天他在大街上散步，看中一辆标价185美元的双人敞篷汽车，而这笔钱对他不是个小数目。突然他想起两天前曾在一幅广告中看到一家工厂找人送圣诞糖果的启事，现在买下这辆车，不正好去应聘那份工作吗？想到这里，他马上找到哥哥借了钱，买下了这辆车，并立即与那家工厂联系，接手了那份工作，为一位富商送圣诞糖果。两周后，他还清了哥哥的钱，自己也有了些小钱。第一次生意给他很多启示，他认识到，只要留心生活中的每一个小的现象，并利用好这种很小的信息，再加上努力工作，就能获得大多数自己想要的东西。

哈默在大学学习期间，父亲让他帮忙管理一个濒于破产的制药厂，同时父亲要求他不要放弃学业，将经商与学习结合起来。他接受了这个充满挑战的机会。18岁的他贷款买下了药厂合伙人的全部股份，掌握了药厂的实权，同时，大胆改革药厂的经营方针。经过一番苦心经营，在大学毕业前，他已是拥有百万美元的大学生富翁了。

也许有人认为，我们远不如那些商业巨子聪明，对信息也不如他们敏感，面对信息社会甚至有些无所适从。其实，这都是次要因素，大多数人的智商都差不多，事在人为，只要方法得当，我们就不会再感到茫然，我们也能拥有敏锐的眼光，在沙子中找到金子。我们生活在这样一个信息社会，应该学会培养自己接收信息和处理信息的能力，为自己铺设多条成功的道路。

在充满信息的社会中，对信息的收集与整理是一个学习过程。当我们的知识积累到一定程度之后，我们就会具有不同寻常的理解力和智慧，就可以透过现象抓住本质。信息也就是平时积累的材料，通过我们不断地积累，再与生活两相对照，我们就会发现哪些材料是有价值的，哪些是毫无用处的，这样信息就成了我们的有用资源。所以，收集信息，是很关键的一步。

当信息储存到一定程度的时候，我们要注意它们的相关性，也许单个的信息没什么用处，一结合起来，就有了很高的价值。这就要对收集来的信息进行分析，这不但是一个理清思路的过程，有时甚至可以发现信息外的一些信息，使我们获得意想不到有价值的信息。

其实学习就是在智力上的自我准备，不论上中等的职业学校课程，还是理论或应用科学的普通课程，都会是开启我们智慧之门的钥匙。在具备了基本的知识之后，进一步以经验为指导，信息所发挥的功能就会是巨大的。所以学习也就是把知识作为一种长久的信息储存起来。

如果我们主观上缺乏准备，头脑中完全没有捕捉信息这根弦，那么就是有用的信息送到你的面前，也会白白地溜掉。我们常见到这样的情形：有些人天天看报纸、听广播、看电视，但是他们从未发现任何有价值的信息。他们对信息毫不敏感的原因，在于缺少捕捉信息的意识和紧迫感，通常也懒于去整理自己每天所看到的信息。所以，我们必须树立常抓不懈，多方收集信息的意识，使自己成为捕捉信息和机遇的有心人。

但信息本身千姿百态，有的属于虚假的表象，能阻挡一般人的视野；有的属于看似无关紧要的细枝末节，容易被一般人所忽视，我们应该保持清醒的头脑、学会辨真识伪，让信息为己所用，才能有助于我们拓宽思路。

有话说得好，"细节决定成败"，机遇往往就存在于某个细微的信息之中，但它不会主动投怀送抱。所以，当你失去机遇时，不要埋怨，因为它一直就在那里，公平而又客观。只是你未能发现而已。

不要错过每一个转变的机会

每个人都会有转变的机会，要抓住机会。在生活中，或许不经意间一个机会，你就能够实现自己的转变，只是看你能不能抓住。有的时候机会就像是一片落叶,有的时候机会就像是一阵风,叶子落了就再也不会变绿,风过了就再也不会回来,机会也是一样的,珍惜稍纵即逝的机会,让自己有所转变。

一个成功的人,是一个能够抓住机会的人,或者说在他的生活中,他能够看到机会的存在,这就需要一个人的观察力,观察到机会的存在。不要让转变的机会擦肩而过,更不要让自己后悔自己的选择。

要想拥有机会,就要具有很好的观察力,如果能够观察到机会在身边,那么你就能够抓住机会。有的时候机会就是一只蝴蝶,它会在你的身边飞来飞去,如果你能够看到它的存在,如果你可以去追,可以捕住蝴蝶,但如果你只顾着观察身边美丽的花朵,那么你很有可能看不到蝴蝶起舞,最终也无法找到蝴蝶的踪影。

机会是纷纭世事中的许多复杂因子运行间偶然凑成的有利空隙,这个空隙稍纵即逝。常言道:"弱者等待时机,强者创造时机。"所以,要把握时机,需要眼明手快地"捕捉",而不能坐在那里等待或拖延。如果当你看到机遇将要来临,那么更不应该松懈和退缩,要更加重视即将到手的机遇,不要因为自己的一时松懈而让机会从身边溜走,抓住机会就是抓住选择,选择对了就是成功了一半。

很多时候,不是你没有碰到机遇和转机,而是因为你一时的大意或者是一时的放松而让自己的机遇从身边溜走。很多时候,不是你没有努力地去争取机遇,而是因为你在最后关头没有很好地把握住机遇,从而错失良机。所以,为自己创造机遇要坚持到底,不要因为最后一时的松懈,而让自己的努力白费。主动伸出你的手,迎接机遇的到来,不要让即将到手的大好时机化为乌有,当你主动去抓住机会,那么你也就能够做出更好的选择。

机遇需要的是主动争取,没有机会会自己白白送上门的。在你没有真正拥有机遇的时候,不要轻易放弃,要知道处在逆境中

的自己是需要好运气来为自己提供转机的。要学会主动迎接好运的到来，不要因为自己一时的松懈，让别人捷足先登，让自己的努力化为乌有。

　　一个懂得坚持不懈的人，总是会等到机遇变成现实的那一刻，而不是在机遇就在面前却还没有真正属于自己的时候就松懈。不要以为自己的奋斗一定会换来大好良机。要知道你一时的松懈很有可能让良机变成他人的战利品。要想实现自我的人生转折，要想走出人生低谷，要想翻身成功，就要坚持到底，一刻也不要松懈，直到好运帮助自己化险为夷为止，直到让自己做出更好的选择为止。

　　李基男是一家公司培训机构的业务员，他参加工作已经四年多了，工作地点在天津，主要是跑业务，为自己的公司招揽客户，工作对象主要是一些公司的高级管理层人员，组织这些人员去外国著名企业参观学习，让一些大企业家给他们进行一些必要的培训。

　　因为近两年天津出现了好几家同样性质的培训机构，他的工作也越来越难做，竞争力越来越大，对于他来说老客户是十分重要的资源，通过和老客户联系和交流，让老客户介绍他们的朋友参加学习和培训是一个很好的办法和工作途径。

　　李基男有一个很好的朋友，这个朋友也是他以前的一个老客户，他是搞建设的，他答应介绍自己一个房地产开发商朋友给李基男认识，李基男十分希望自己能够拥有这个客户，从而完成他的这个月的业务指标。于是主动跟老客户要了对方的联系方式，积极地去联系对方，主动为对方寄送关于公司的资料和课时安排，最终，老客户的朋友参加了自己公司的培训，这不仅帮助他完成了这个月的业务指标，同时，因为他的主动和热情，客户对他都有很好的印象和评价，他很快拥有了晋升的机会。

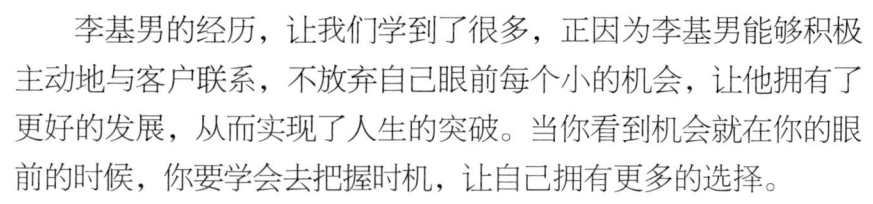

| 第九章　机遇拦截：抓住先机，才能超人一步 |

　　李基男的经历，让我们学到了很多，正因为李基男能够积极主动地与客户联系，不放弃自己眼前每个小的机会，让他拥有了更好的发展，从而实现了人生的突破。当你看到机会就在你的眼前的时候，你要学会去把握时机，让自己拥有更多的选择。

　　机会来之不易。你如果得到了一次重要的机会，就要学会去认真地对待，只有认真地对待，才不会错过机会，你才拥有良机，让自己得到更大的进步。人生的每个阶段，都需要机会，你如果能够去发现机会，那么最终就能够实现自己的成功，如果你不懂得去发现身边的机会，那么你永远不知道自己怎样才会成功。

　　在人生中，你需要积极主动地去生活，在人生的每个阶段，积极主动地生活往往能够让你感受到快乐。积极地去争取自己的机会，为自己的成功创造出更多的机遇，最终你会发现自己的生活已经十分美好，自己的人生之路也变得平坦很多。

　　一个人的生活是机会堆积起来的，不管是大的机会还是不经意的契机，你都不要小觑，要将每次机会看作是自己成功的关键，要告诉自己，如果自己抓住了眼前的这次机会，那么自己很有可能做出更加适合自己的选择，最终实现自己的成功，这就是你的选择，也是你的进步。

　　当你身陷逆境中时，你或许希望机会。当你看到机遇时，要主动地争取，因为机遇就是帮助你实现转折的好运。不要不在乎每一次小的机会，要知道每次小的转变就是自己很大的突破，如果你能够珍惜每一次小的机会，那么你最终就能够实现自己的梦想，让自己取得成功。

做对了，危机就是转机

一个人在不得不走向一条与自己意愿不同的道路时，往往变得消沉，或许说出"我算是完了"之类的丧气话，而否定自己的未来。不过，越是这样的时候，越要把发生的一切事情向积极的发展方向去设想。

必须进行积极的思维："一扇窗子关闭了，另一扇窗子为我开启""过去所有一切的结束，正是一个新目标的出发点""这条道路不适合我去，所以上帝指示我向另外一条道路前进。"

宇宙中存在着大自然的威力，人应该顺应这一威力而生存，这十分重要。因此，苦痛辛酸之时，要乐观地以积极式思维来解决问题。

受到挫折而感到"完蛋了"之时，正是你站在一个新起点的时候，正是你迎来一个绝佳的机会的时候。

走向失败的人，每逢挫折时总是武断地认为"我是个百无一能的废物"，而不去积极开启就在眼前的一扇新的窗子，开发自己无限的可能性的机会其实就在眼前，结果却错失良机。因而，走向失败的人，其实是因为丧失了一个又一个的机会，故而人生道路艰难而残酷。

无论怎么做也未能如愿地进入某一理想学校或公司。即使这样也不必失望。这个时候，正需要进行积极式思维。

在竭尽全力拼搏之后却仍旧不能如愿以偿时，应该这样想：

| 第九章　机遇拦截：抓住先机，才能超人一步 |

"上天告诉我'你转入另外一条发展道路上，一定能取得成功'"；因为家庭的原因而不得不改变自己的发展方向时，也是一样，运用积极式思维："原来是这样，自己一直认为这是很适合于自己的事，不过，一定还有比这个更适合自己的事。"应该认为另外一条新的道路已展现在你的眼前了。不要失望，不要气馁，振作起来！沿着这条新的道路向前走。

在这一点上，日本麦当劳总裁藤田可称得上是典范。孩提时代，藤田便梦想做一名外交官，为此高中毕业后考入东京大学法学部。但是，有人说他，"你是大阪口音，所以绝对是当不了外交官的。"于是，他无可奈何地放弃了。

外交官之路被关闭了，但一条实业家之路向他敞开了。1971年他创设了日本麦当劳。没过多久，便将其发展成为外国食品产业在日本的第一名。

如果，当年藤田总裁如愿地做了一名外交官，那么，如今的日本麦当劳是什么样子呢？

一条发展道路被封死了，不必绝望。如果能够在新的发展道路上全力以赴，那么，取得像藤田总裁这样巨大的成功，也并非异想天开。

被称为明治时期的美术之父的冈仓天心也历经挫折。大学毕业前费尽心机终于完成毕业论文。然而，就在提交论文的前夕，他那位年轻的妻子癔症发作，把他苦心完成的论文投入火中，化成灰烬。

一周内完成一篇大论文谈何容易！极度衰弱的天心，只好改弦易辙，重新构思了一篇。这是一篇有关美术方面的论文，令人

意外的是，这篇论文获得极高评价。

这一意外事件，把冈仓天心推向了成为一个美术评论家的发展道路，并且一路辉煌，真可谓"因祸得福"。

因此，你也不要因为挫折而放弃，因为你无法预知前方等待你的是不幸还是幸福……像天心这样，即使突发无法预料的恶性事件，也不必失望。重要的是把发生的事件向好的发展趋势去考虑，向积极方向考虑，并积极采取对策。

每一个人在一生中，避免不了遭受许多危机。但是，危机也许正是最大的机遇。所以，从今以后一旦陷入危机之中，应该认识到"危机就是机遇"。

西班牙歌手胡利奥，目前是誉满全球的广受欢迎的歌手。你知道吗？他最大的愿望曾经是做一名足球运动员。但是，一场不幸的交通事故，使他不得不放弃自己钟情的足球事业，而转向歌坛方向发展。

女演员奥黛丽·赫本曾立志做一名芭蕾舞演员，但老师认为她不具备这方面的才能，于是她果断地放弃。日后，成为一名深受世界各国人们喜爱的电影演员。

日本获得文化勋章的作家井伏鳟二，从少年时代起便爱好绘画，毕业实习后就迫不及待地叩响了日本画家之门，却被断然拒之门外。后来，他考入早稻田大学，成为一名成功的作家。

再如，日本作家家田庄子曾经想做一名演员。她参加过许多演出，但毫无出色之处。有一天她向出版社兜售凹版相片，这时有人劝她写写书。没想到这竟然成了她成为作家的契机。

这些取得大成功的人们，他们原本的志向并不是企业家、美术评论家、歌唱家、演员或者作家，但是，各自都因为不同的情况而不得不放弃最初的梦想。可贵的是，他们在放弃的时候，重

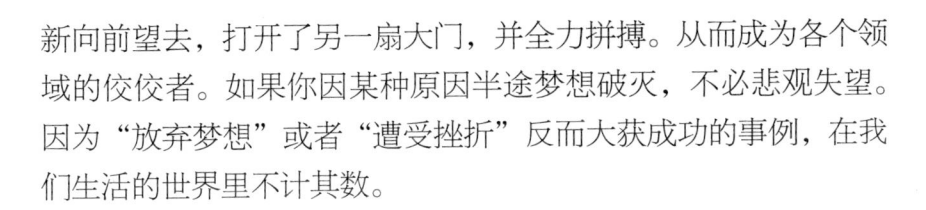

| 第九章　机遇拦截：抓住先机，才能超人一步 |

新向前望去，打开了另一扇大门，并全力拼搏。从而成为各个领域的佼佼者。如果你因某种原因半途梦想破灭，不必悲观失望。因为"放弃梦想"或者"遭受挫折"反而大获成功的事例，在我们生活的世界里不计其数。

卡耐尔·桑德斯是肯德基炸鸡的创始人。6岁时随着父亲的去世，卡耐尔曲折的一生开始了。为了照顾年幼的弟弟，补贴家庭支出他开始当起农民，进行田间劳动。14岁时，他不得不退学。卡耐尔性子暴烈，是个不实现自己的愿望决不罢休的人。这种固执的性格，总成为他与别人争吵的原因，他为此不得不多次变换工作。他讨厌被别人使来唤去，开始自己经营一家汽车加油站，但不久受经济危机的影响，加油站倒闭。第二年，他又重新开张一家带有餐馆的汽车加油站，因为服务周到且饭菜可口，生意十分兴隆。

但是，谁曾想到一场无情的大火把他的餐馆烧了。他曾经一度几乎放弃再次经营餐馆的设想，最终还是振奋起精神，建立了一个比以前规模更大的餐馆。餐馆生意再次兴隆起来。可是，厄运又找上门来。因为附近另外一条新的交通要道建成通车，卡耐尔餐馆前的那条道路因而变成背街背巷的道路，顾客也因此剧减。65岁时卡耐尔不得不放弃了餐馆。然而，卡耐尔并未死心。他不再汪视和缅怀那些已经失去的东西，而是珍重仍旧存在的东西。他想到手边还保留着极为珍贵的一份专利——制作炸鸡的秘方。现在，他决定卖掉它。为了卖掉这份秘方，他开始走访美国国内的西餐馆。他教授给各家餐馆制作炸鸡的秘诀——调味酱。每售出一份炸鸡他将获得5美分的回扣。5年之后，出售这种炸鸡的餐馆遍及美国及加拿大，共计400家。

当时，卡耐尔已经70多岁。1992年肯德基炸鸡的连锁店在

全美达 5000 家,海外达 4000 家,共计扩展到 9000 家。

我们从卡耐尔先生的生存方式中能够学到许许多多的东西。因为商店前的繁华街道突然间变为背道,迫使他不得不卖掉自己苦心经营的餐馆。如果不曾有这样的事情发生,卡耐尔能够达到今天如此辉煌的程度吗?那么,我们怎样来认识发生在卡耐尔先生身上的事情呢?

这就是我们一直在讨论的"危机正是机遇"。因而,只要时时刻刻不忘记逆境思维,那么,即使陷入深渊,你也不会惊慌失措。

让我们敬佩之处的,还有卡耐尔先生毫不在意自己年事已高,以 65 岁高龄开始挑战新的商业领域。那些年纪轻轻而逃避挑战的人是精神上的老年人;相反,即使年纪很大,只要敢于向着梦想,向着理想不断挑战并相信能成功,那么他仍旧是精神上的年轻人。

人在遭遇危机时,为摆脱危机会绞尽脑汁,前文我们论述过,一般情况下,人们只使用着全部能力的 3%,而绞尽脑汁地思谋对策,会调动出平时未使用的 97% 的潜能。因此,越是在大危机的情况下,越会产生出其不意、克敌制胜的高招。

如果你能改变你的思考方式,就会发现将自己逼入死胡同的危机或挫折,正是发挥一个人潜能的绝佳时期。拥有逆境思维的人会把危机变为机遇,并且获得比以前任何时期都巨大的成功。

逆境思维具有魔法一般的威力,所以,一旦谙熟的话,当然就会在任何一个方面快速向良好的方向发展。

人生尽管有很多的痛苦和困难,但是只要我们思考、工作、研究,相信我们就可以主宰人生。

第十章　职业修炼：
提升竞争优势，才能更进一步

"职场"是个人价值实现、成就展现的一个重要平台。由于其特殊的人生影响意义，在竞争激烈的这个时代，成为尤为引人关注的竞技场。每个职场人都向往成为行业的佼佼者，每个人都希望自己能够成为职场上的赢家，那么要达到这个目标，最重要的显然就是提升自己的核心竞争力，使自己成为公司需要的人才，能够做到这一点，你事业的延伸轨迹自然清晰可见。

选择好自己的职业

在我们小的时候，老师都会问我们有什么样的梦想，孩子们都是很天真的，不会过多考虑什么，所以他们会毫不保留地说出自己的梦想，有的小孩说希望成为一名医生，有的小孩希望长大后成为一名老师、科学家、商人，等等，他们会将自己的人生简单地定位在某个职业上，而做这些职业的理由往往也是很简单的，但是这毕竟是儿时的简单梦想，随着人们年龄的增长，人们的梦想也在不断地改变，所以说这个时候你就要明白自己为什么要从事这项工作，为什么要选择这个职业。

每个人都会有自己想要成就的事业，即便很多人没有什么事业梦，但是他们也不想自己没有工作，工作是一个人的简单需要，但是在很多时候这个最基础的需求往往很难达到理想，所以一个人的职业往往是很重要的，是一个人生存的保障，那么怎样才能够让自己选择好自己的职业呢？

首先，你要了解自己，一份好的工作就是一份适合自己的工作，如果你选择的行业不适合自己，那么即便你付出很大的努力，也很难成功。

其次，如果你了解了自己，那么接下来就是要选择适合自己的职业，要知道能够选择一份适合自己的工作往往比自己努力还要重要，如果你感觉自己的性格适合做文职，那么就不要选择销售，如果你觉得自己善于与人交际和沟通，那么你完全可以大胆地选择公关行业。所以说了解自己的性格之后，要敢于做出行业的选择。

最后，就是要考验自己的定力，当你选择了一个行业的时候，可能开始并不是那么顺利，这个时候你就要学着了解这一点，如果你能够认识到这一点，那么你会发现自己需要的是时间。不要因为开始的困难而怀疑自己的选择，要坚定信心，不管自己做出怎样的选择，都要告诉自己这是最适合自己的工作，从而坚定信念，让自己的选择变成美好的现实，实现自己的事业梦。

当然，在做出选择之前也要考验自己的定力，不要三天打鱼、两天晒网，要知道自己的选择无论在什么时候都是自己做出来的，要对自己负责，而对自己负责的最好办法就是要考验自己的耐力，即便是在选择中出现了很多的困难，或者是自己走进了困境，都要坚定自己的决定，然后不断地努力，从而做出更加适合自己的选择，让自己在自己适合的职位上，实现自己的成功。

薛佳凝在大学的时候，学的是社会学，大学毕业后，她不想从事和社会学有关的工作，而是希望自己从事和新闻有关的工作，这个时候，当她将自己的想法告诉了自己的父母的时候，父母坚决反对，说搞新闻太危险，不允许她进入新闻圈。

但是她却不这样认为，她觉得自己的性格适合做记者，她希望自己的生活富有挑战和刺激，于是她坚定信心，选择了一份和记者很接近的工作，开始了她的新闻梦。在开始采访的时候，薛佳凝很不专业，不但失去了很多有用的信息，自己也总是被上司批评，但是她没有退缩，不断地努力，在两年的坚持下，她成为了一名合格的记者，并且有好几家电视台希望她能够去做驻外记者，这样一来，她的新闻梦或者说是记者梦也就实现了。

薛佳凝之所以能够取得后来的成功，是因为她知道自己真正

想要的，没有因为父母的反对而放弃自己的选择，最终，也实现了自己的梦想。

　　每个人都会有自己的梦想，而这些梦想想要实现，那么最重要的就是衡量自己的能力。在每个人的人生阶段，都需要对自己的能力有一定的考评，如果不能够很好地认识自己的能力，那么最终你会失去属于自己的定位。如果你想要让自己的梦想成真，那么就应该给自己一个合理的定位，这种定位的前提就是了解自己。要想了解自己，就要认真地思考。你可以利用自己人生中的寂寞的时光，让自己沉浸在寂寞中，好好地思考一下，自己到底具备了哪些能力，具备了多少成功的能力，在人生的每个阶段，你的能力都必然会发挥一定的作用。因此，了解自己的能力，选择适合自己的人生目标，这样你会发现自己的成功就来源于自己的选择，自己的职业也就是自己成功选择的结晶。

　　你是否是一个有定力的人，如果你拥有定力，那么你对自己一定会要求很严格，不会因为自己的成功而自大，更不会因为自己的失败而沮丧，要知道一个人要想实现自己的成功就应该为自己的成功付出努力，当你希望自己获得成功的时候，你就应该坚持自己的梦想，如果你不懂得坚持自己的梦想，那么最终你所拥有的将不会是成功，而是一个接着一个的失败。

　　你会不会因为自己开始的不坚持而失去自己的职业梦？在很多时候，有的人正是因为开始选择的苦难，没有坚持下去，才让自己失去了成功的机会。在很多时候能够选择自己喜欢的工作是不容易的事情，因为会出现很多的阻挠因素，所以说，这个时候你就要明白自己想要的是什么，然后做出选择之后，坚定自己的信念，实现自己的成功。

| 第十章 职业修炼：提升竞争优势，才能更进一步 |

你要看到比薪水更高的目标

一个人要想获得成功，最好的捷径就是选择一种哪怕没有任何报酬自己也愿意努力去做的工作。当你做出这种选择时，金钱会在不经意间降临。

一个名叫埃文斯的普通银行职员，在受聘于一家汽车公司6个月后，试着向老板杜兰特毛遂自荐，看是否有提升的机会。杜兰特的答复是："从现在开始，监督新场机电设备的安装工作就由你负责，但不一定加薪。"

埃文斯并没有这方面的专业知识，他从未受过任何工程方面的训练，对图纸一窍不通。然而，他不愿放弃这个难得的机会。因此，他充分发挥自己具有组织能力的特长，自己找了些专业人员安装，结果提前一个星期完成了任务。最后，他得到了提升，工资也增长了10倍。

"我当然明白你看不懂图纸，"后来老板是这样对他说的，"假如你随意找个原因把这项工作推掉，我就有可能把你辞掉。"退休后，已是千万富翁的埃文斯担任了南方政府联盟的顾问，只领1美元的象征性年薪，然而，他工作起来却依然尽心尽力，因为"不为工资而工作"已经成为他的习惯。

相比之下，现在有很多人，他们毕业之后，一心想着要找一

份薪水高、待遇好的工作，却很少考虑这份工作自己是否喜欢，自己的能力是否胜任；也很少考虑到这份工作对自己前途的发展有多大的意义，他们只盯着眼前的利益，却忽视了应为长远的将来作好打算。刚刚迈入社会的年轻人因为缺乏社会经验，短时期就要获得高薪和重要职位，是不太现实的。所以他们常常找不到工作，他们却总以为这是由于就业形势严峻，总是找客观原因。包括很多在社会上摸爬滚打了很久的人也是这样。他们换了一份又一份工作，总是觉得不称心，待遇总是提不上去，却忽视了能力的培养，忽视了应在自己的岗位上积累经验，因而错过了很多晋升的机会。

  但许多伟大的人物做人做事绝不是这种态度。比如德国的"铁血宰相"俾斯麦，他在德国驻俄使馆工作时，薪资也比较低，但他从未因此放弃努力。在那段时间，他学到了许多外交技巧，磨炼了自己的决策能力，这些都使他受益匪浅。

  因此，当我们在工作时，不要仅仅以为我们收获的只是金钱和物质，除非我们急需金钱使用。不该认为一分钱就只应出一分力，看不到薪水以外的东西。当我们在工作时，我们应明白我们得到的更多的是经验、能力、智慧、知识，甚至是意志的磨炼和品格的培养。要知道，这些才是最重要的东西，是远比薪金更宝贵的东西。当我们获得了以上这些，薪金的提高离我们将不会再是遥远的东西。尤其是当我们刚刚踏上职场之路时，我们更应该对来之不易的那份工作倍加珍惜，不要急着换工作，沉下心来干好你眼前的这份工作，这样你将学到经验，并最终确定你是否适合这份工作，这样你才能准确地定好位，为自己的人生之路打下基础。

  尽管薪金是衡量人的工作能力和价值的尺度，但它并非是唯一尺度，很多时候我们工作并非仅仅为了金钱，而是为了证明自己的价值，甚至仅仅为了活得充实和快乐。因此，这时候兴趣和爱好变得比薪金和待遇更为重要和宝贵。

即使薪金不能提高，你也可以考虑是否从其他方面得到补偿，比如，职位的晋升、工作机会的增多、从工作中得到的乐趣等，所有这些，都是你可以得到的除工资以外的东西。你应该把每一份工作都看成是一个可以使你增长才干、锻炼能力的绝好的机会，在你开始你的工作到离开时，有许多东西你都要学习。你既要有学习的机会，又必须强调自己会努力学习。

如果一个人只为了薪水而工作，那是很可悲的，也注定了他绝不会有远大的前程。工作虽是为了生计，但是，通过工作使自己的潜能得到充分的发挥，比什么都重要。假如仅仅为了糊口而工作，你的生命价值将因此而大打折扣。

你的追求不要只局限于满足生计，而要有更高的追求。千万不要这样对自己说，工作就是为了赚钱，你要看到比薪水更高的目标。

把工作看成是一种乐趣

工作是对你的知识、经验、能力的最好的检验。你可以在工作中增强信心，找到一种满足与成就感。你的工作热情越高，决心越大，你的工作效率也就越高。当你全身心地投入工作时，就会对工作感到充满了乐趣，你的每一天都会过得充实而快乐。

不管你的处境有多么糟糕，你也千万不能因此而厌恶你的工作。如果因为环境所迫，你不得不做些你不喜欢的工作，你也要设法使工作变得充满乐趣。以这样一种积极的态度工作，你将取

得意想不到的良好效果。

工作就是为了使自己获得更多的快乐！如果你把每天 8 小时的工作看作是在游泳，这是一件多么惬意的事啊！

别看有许多人在大公司里工作，他们知识渊博，受过专业训练，每天穿行在写字楼里，工作体面，而且有一份不错的薪水，但他们不一定比你更快乐。他们是孤独的，他们不愿与人交流，他们不喜欢上班，工作也仅仅是为了生存，他们常常因此而忧心忡忡，健康状况十分糟糕。

当你发现把一项工作当成乐趣的时候，你就不要再去更换工作了。而如果你觉得工作压力越来越大，工作对你而言只有紧张、毫无快乐可言时，那就说明你有些地方不对劲了。要想从根本上解决这个问题，你必须从心理上调整自己，否则换一万次工作也是枉然。

如果一个人能以精益求精的态度、火热般的激情，充分发挥自己的特长来工作，那他做什么都不会觉得辛苦。如果一个人鄙视、厌恶自己的工作，那他一定会失败。积极乐观向上的心态和不屈不挠的毅力才是引导人们走向成功的磁石。无论你做的是什么样的工作，都要用 100% 的热忱去努力。这样，你就可以从平庸卑微的状态中解脱出来，劳碌辛苦将离你而去，你会更多地发现工作中的乐趣，从而更爱自己的工作。

经常听见一些人尤其是一些刚走入社会的大学生抱怨对自己的专业不感兴趣，或者所学专业不够热门，他们的抱怨其实只是他们借口逃避责任的理由，这不仅说明他们对自己不负责，更说明他们是一个对社会也不负责的人。

亨利·卡萨，一个伟大的成功者，他的成功不仅是因为他有一个 10 亿美元资产的大公司，更重要的是他是一个慷慨和仁慈的人，他让许多哑巴学会说话，让许多腿脚残疾的人可以走路，让许多穷人有了医疗保障……而这正是他的母亲在亨利·卡萨心里播下的种子。

玛丽·卡萨用自己的言传身教来启发和引导着孩子。每一天，在玛丽结束工作之后，总会义务地花一段时间去做保姆工作，给那些生活在不幸中的人们以帮助。她留给儿子这样一条忠告："不工作，你将一事无成，我除了告诉你要学会寻找工作的快乐之外，什么东西也不能留给你。"

亨利·卡萨说："母亲让我明白了热爱他人和为他人服务的重要性，这是我人生之中最有价值的事情。"

假如你也这么做，把你的兴趣和工作结合在一起，就会发现，你工作起来就不会感到辛苦和单调了。兴趣将让你的身体充满活力，哪怕做再多的工作，你也不会感到疲劳。

满足生存需要不应该成为工作的唯一目的，工作更应该成为实现人生价值的途径。无所事事的人生将是悲哀的人生，把你的兴趣放在工作上，你将乐在其中，你的人生也将因为你从事热爱的工作而得到升华。

一个成功的人，他总是把工作当成一件快乐的事，并且，他还乐此不疲地把这份愉悦传递给别人，使人们愿意与他交往和共事。

成功者的共同特点之一就是对自己的工作感兴趣，并且能够全力以赴地投入。正像松下幸之助所说："人生的最大生活价值，就是对工作有兴趣。"做同一件事，有人觉得做着很有趣，有人觉得做着毫无意义，有天壤之别。做不感兴趣的事所感觉的痛苦，仿佛置身在地狱中。假使能把工作趣味化、艺术化、兴趣化，就可以轻松愉快地完成自己的工作，而且也不会觉得辛苦。

培养自己对工作尽职尽责的态度

一个人的尊严，并不在于他能赚多少钱，或获得了什么社会地位，而在于能不能充分挖掘自身的潜力，让专长真正有用武之地，兢兢业业地安心工作，过有意义的生活。世上每个人都做着不一样的事，各有不同的生活方式。生活固然不同，如果每个人都能发挥自己的天分与专长，并使自己陶醉在这种喜悦之中，与社会大众共享，在奉献中领悟自己的价值，相信这也是你所最期望的。

有人认为事业有"适合时代"与"不适合时代"的区别，还说某种事业是"夕阳事业"，某种事业是"朝阳事业"。从某种角度看，也许是正确的。可是，从事于夕阳事业的人，是不是就注定失败了呢？不一定，只要你肯为事业奉献一颗真诚而执着的心，并没有失败与成功的区别。

敬业使一个人工作愉快，有活力。它使人快乐地工作，尽心把工作做好，从而获得巨大的喜悦。敬业的人一定乐业，乐业的人必然成功。在乏味的被动的情况下，你不可能提高工作品质，也不可能在工作中发挥创意。

真诚坦率使我们大家具有了对工作尽职尽责的力量。

年轻的洛克菲勒初入石油公司工作时，既没有学历，又没有技术，因此被分配去检查石油罐盖有没有自动焊接好。这是整个公司最简单、枯燥的工作，人们戏称连3岁的孩子都能做。

每天，洛克菲勒看着焊接剂自动滴下，沿着罐盖转一圈，再看着焊接好的罐盖被传送带移走。

半个月后，洛克菲勒忍无可忍，他找到主管申请改换其他工种，但被回绝了。无计可施的洛克菲勒只好重新回到焊接机旁，心想，既然换不到更好的工作，那就把眼前这个不好的工作做好再说。

于是，洛克菲勒开始认真观察罐盖的焊接质量，并仔细研究焊接剂的滴速与滴量。他发现，当时每焊接好一个罐盖，焊接剂要滴落39滴，而经过周密计算，结果实际只要38滴焊接剂就可以将罐盖完全焊接好。

经过反复测试、实验，最后，洛克菲勒终于研制出"38滴型"焊接机，也就是说，用这种焊接机，每只罐盖比原先节约了一滴焊接剂。可是，就这一滴焊接剂，一年下来却为公司节约出5亿美元的开支。

年轻的洛克菲勒就此迈出日后走向成功的第一步，直到成为世界石油大王。

敬业是事业成功的前提。一个人只有敬重自己的事业，才能热爱工作，开拓前进，取得成功。反之，一个人如果对自己的工作敷衍，必定导致事业的惨败。

以下是工作敬业的一些经验之谈：

1. 找到更有效的方法，令工作达到尽善尽美。
2. 对每一件工作都尽心尽力。
3. 在能力范围之内不妨多做额外的工作。
4. 细心观察，不放过任何一个细节。

责任是简单而无价的。责任心不仅是一种做事的态度，也是做事成功的必然保障。做人要有责任心，做事同样也要有责任心，才能成功。你对工作的态度决定了你对人生的态度，从而也决定了你的人生成就。因此，如果你不愿意做一个游戏人生的人，那就尽职尽责、尽心尽力地把工作做好吧，相信你会得到丰厚的回报。

学着将自己的优势转化成价值

你知道自己有什么优点吗？或者说你知道自己在工作中的优势是什么？如果你知道自己的优势，那么你就要学会将自己的优点展现给他人，体现出自己的价值，这样一来，你就可以让自己的优点体现出来，最终围绕着自己的优点做出选择。

一个人只有知道了自己的优点，那么才能够做出适合自己的选择，这样才能够实现自己的价值。在生活中，你往往会羡慕别人的优点，看到别人光鲜亮丽的地方或者是闪光点，从而忽视自己的优点和闪光点，因此，很多人在选择面前总是显得无助。其实，你没有必要求助于别人，要看到自己的优点，求助于自己的优点，这样你在选择的时候才会发现你的选择适合自己，最终做出更适合自己的选择。

俗话说得好"适合你的才是最好的"，当你决定开始自己的选择的时候，那么你就要学会做出适合自己的选择，适合自己的抉择才是最好的选择。就像是美丽的荷花，只有找到它适合的生长环境，才能够开出美丽的花朵。所以说，要学着做出适合自己的选择，这样才能够让自己的抉择促使自己成功。

在你选择之前，势必会参照自己的实际情况来做出选择，但是这个时候你就要知道自己的优点是什么，要懂得用自己的优点来实现自己的选择。

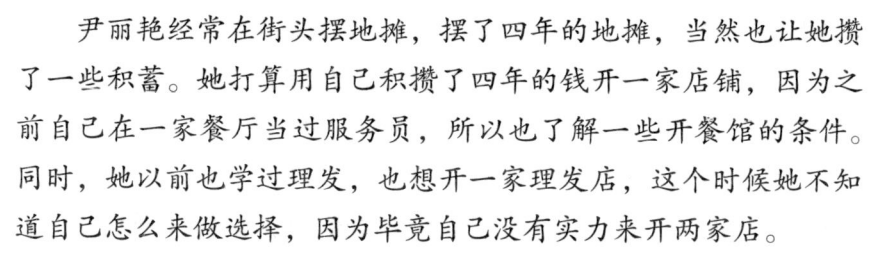

第十章　职业修炼：提升竞争优势，才能更进一步

尹丽艳经常在街头摆地摊，摆了四年的地摊，当然也让她攒了一些积蓄。她打算用自己积攒了四年的钱开一家店铺，因为之前自己在一家餐厅当过服务员，所以也了解一些开餐馆的条件。同时，她以前也学过理发，也想开一家理发店，这个时候她不知道自己怎么来做选择，因为毕竟自己没有实力来开两家店。

于是，她参照了自己所有的条件，发现自己没有理发的经验，而自己对于餐饮有三年的经验，于是经过自己的分析，她决定开一家餐馆。在不足一年的时间内，就将成本赚了回来。

每个人都有每个人的优点，关键是怎么利用好自己的优点，通过自己的优点来做出更加适合自己的选择。

当然一个好的选择是能够促进自己的发展，不管是在工作中的选择也好，还是在生活中的抉择也好，都要能够让自己变得更加顺利。那么这个时候就要善于分析自己的优点，所以要敢于看到自己的优点，很多人自卑地认为自己没有优点，这样一来就不可能做对选择，因为在他的眼睛中，自己总是一无是处，这样，你当然不知道自己适合什么，不知道自己的抉择是否能够成功。

要想将自己的优点转化成自己的优势，那么你就要学会从自己的实际去分析。每个人的生活都是不一样的，不要拿别人的情况来和自己对比，即便对方十分优秀，那么也不要这样比较，因为在你比较的时候，很有可能出现自卑的心理，或者是让自己的内心变得不够平静，这样一来，你的选择往往也就不能够成功。

如果你想要将自己的优势转化成价值，那么第一步你就要明白自己的优势是什么，这一点很重要，俗话说，知己知彼百战不殆。首先要知己，也就是对自己有一个清醒的认识，对自己的优点有一个总结。每个人都不可能一无是处，每个人都会拥有属于

自己的个性和优点，要知道如果你能够看到自己的优点，看到自己拥有的而别人不曾拥有的优点，那么这些就是你的优势，也就是你实现自己的梦想的依靠。所以说，你首先要明白自己的优点是什么，或者说自己比别人突出的地方在哪儿？

要了解自己的优点其实并不是一件简单的事情，因为在你对自己的评价的时候，难免会受到外界的影响，或者是受到其他人对你的评价的影响，也经常会受到"标签效应"的影响，所以说在这个时候，你应该想办法理智地认识自己，让自己能够对自己做出客观的评价。如果你对自己的认知偏离了主题，或者说偏离了你真正的面貌，那么你的认识就会出现偏差，最终想要实现自己的成功也将不会是一件容易的事情。

同样地，要想对自己有一个客观正确的认识，就要学会让自己冷静下来，平静地来观察自己，审视自己的内心世界。让自己不要因为别人的言语而影响到自己对自己的认识。要知道要想了解自己的优点，就需要自我审视，在你自我审视的过程中，你将要拥有的会很多。每个人都有属于自己的人生特点。因此，要想实现自己的成功，就要学会让自己寻找到属于自己的优点。

当你发现了自己的优势的时候，你要参照自己的这些优势，哪一项优势是可以利用的，或者说是可以转化成价值的。要知道在很多时候，你发现自己的人生优势很多是无法直接转化成价值的，如果你想要看到瞬间或者是快速的效果，那么就要学会寻找那些能够在短时间内转化成价值的优点。在生活中，能够转化成价值的优点，往往能够让你实现自己的最终成功，也能够让你的人生抉择变得更加顺利。

将自己的优势转换成价值的过程就是选择的过程，在这个过程中，你要学会付出，没有付出是不会有成效的，更加不会得到你想要的结果，所以说当你希望得到什么样的结果的时候，就要学会付出努力，只有付出了，你的优势才能够通过抉择来变成价值，从而促使你的发展和成长。不管是在什么时候，抉择往往是一瞬间的事情，而付出往往是很长一个阶段的事情，因此要学会坚持努力，从而做出更好的抉择，实现自己的价值。

打造你的不可替代性

进入21世纪，职场对于我们提出了更高要求，它要求每一名职场员工，必须具备良好的道德、忠诚度、专业技能……即必须在综合素质方面表现突出。倘若你无法做到，很遗憾，你的职业发展必然会遭遇桎梏，你永远也不会得到成功！

反之，如果你能够承担起自己的职责，在工作中积极进取，恪守职业道德，你就会成为一名不可替代的人才，就会令老板割舍不下，你的价值、薪金、职位、团队影响力等，都会随之得到大幅提升。如此一来，你必然能够更快捷地实现自己的人生目标。

一位成功学家曾聘用一名年轻女孩当助手，替他拆阅、分类信件，薪水与相关工作的人相同。有一天，这位学家口述了一句格言，要求她用打字机记录下来："请记住：你唯一的限制就是你自己脑海中所设立的那个限制。"

她将打好的文字交给老板，并且有所感悟地说："你的格言令我深受启发，对我的人生大有价值。"

这件事并未引起成功学家的注意，但是，却在女孩心中打上了深深的烙印。从那天起她开始在晚饭后回到办公室继续工作，不计报酬地干一些并非自己分内的工作——譬如替老板给读者回信。

她认真研究成功学家的语言风格,以至于这些回信和自己老板的一样好,有时甚至更好。她一直坚持这样做,并不在意老板是否注意到自己的努力。终于有一天,成功学家的秘书因故辞职,在挑选合适人选时,老板自然而然地想到了这个女孩。

在没有得到这个职位之前已经身在其位了,这正是女孩获得提升最重要的原因。当下班的铃声响起之后,她依然坚守在自己的岗位上,在没有任何报酬承诺的情况下,依然刻苦训练,最终使自己有资格接受更高的职位。

故事并没有结束。这位年轻女孩能力如此优秀,引起了更多人的关注,其他公司纷纷提供更好的职位邀请她加盟。为了挽留她,成功学家多次提高她的薪水,与最初当一名普通速记员时相比已经高出了5倍,对此,做老板的也无可奈何,因为她不断提升自我价值,使自己变得不可替代了。

这件事情告诉我们,只有在工作中打造自己的不可替代性,才能在岗位上创造最大的价值,继而成为公司的顶梁柱、行业领域里的精英、专家。只有这样,你才能得到你所想要的物质财物、精神财富以及人脉积累,同时为你的职业生涯发展奠定坚实而强大的基础。

核心竞争力的一个重点就是不可替代性,你的职业价值往往就取决于你的不可替代性,在竞争激烈的职场,可替代就意味着可能失去生存的机会,不可替代就是胜人一筹,不可替代的人就是能够生存下来的一部分,是故,我们必须要打造自己的不可替代性。

那么,职场人士要如何打造自己的不可替代性呢?请记住以下几点:

1. 分外之事有能力做就去做,别太计较;

2. 想老板之所想，思老板之所思；

3. 永远做得比老板要求的多一点；

4. 不管做到什么职位上，都要保持进取的态度和学习的习惯；

5. 与同事、上司保持良好的关系，随时扩展人脉并懂得维系；

6. 不要推脱一些你认为冗长及不重要的工作，要知道，你所有的贡献与努力都是不会被永远忽略的。

记住这一点：如果你在你的行业领域里毫无立足之地、如果你在你的岗位上可有可无、如果你对你所在的公司无关紧要，那么你的工作就是失败的，而"失败"二字必将伴随你的职业生涯始终！

增强你的重要性

这个世界缺少的东西很多，但肯定是不缺人的，如果你对别人来说是无甚大用的，那么你肯定得不到器重。所以说，一个人要想活得更加多姿多彩，若想得到别人的重视，若想在工作中有所建树，首先就要提升自己的重要性。

打个比方。如果你是一颗夜明珠，遗落在黑暗之中，路人经过必然会俯腰拾起，并将你好好珍藏起来；相反，倘若你只是一块平凡无奇的石头，相信就不会得到路人的眷顾了，甚至还会因为碍事，被人踢上两脚。道理很简单，夜明珠之所以被拾起，是因为路人看到了它的光芒，它具有一定的价值，对路人有益；石头之所以被置之不理，是因为它毫不起眼，它的用处太小，捡在手里反而是一种负累。所以我们强调，要想使自己得到别人的重视，首先就要让自己拥有被别人利用的资本。

秦朝时期，有一个名叫程邈的县城狱吏，主要负责撰写文书一类的差事。程邈其人性情耿直，得罪了秦始皇，被打入了云阳县的大狱。他在狱中百般无聊、度日如年，于是喜欢舞文弄墨的他突发奇想：如此浪费时光着实可惜。当下通行的小篆，字画繁杂难写，何不把它改造一下？干出一番事业，以求赦免罪过。

此后，程邈开始在狱中埋头整理文字，经过十年的精心钻研，他将小篆化圆为方，把象形"笔画化"，变繁为简，化难为易，这便是隶书，总共有3000字。秦始皇看了程邈整理的文字，非常高兴，不仅赦免了程邈所犯的罪行，还让他出来做官，提升为御史。后来，因为秦代公书繁杂，篆字难写，就采用了隶字。又因为低层的官吏多用这种字体书写公文，所以称为隶书。

十年身陷囹圄，对一般人而言，无疑是一种莫大的灾难与不幸！但程邈却因祸得福，这是为何？答案其实很简单——程邈创造了自己的重要性。他所发明的隶书，对秦始皇有所用，能够帮助秦始皇减轻"工作负担"，所以他才得以被释放，又受到了重用。

职场上同样如此。老板雇用员工，其根本目的是要你为他创造价值。所以说，你受到何种待遇，完全取决于你能为他创造多少价值。你所创造的价值越大，那么你在他心目中的地位就会越高；反之，若是你不思进取，躺在些许功绩上面"睡懒觉"，你的地位就一定会逐渐被他人所替代。因而，那些有心机的人从不会"犯懒"，他们总是挖空心思创造自己的重要价值，是故，这类人大多是职场上的"常青树"。

人存活于世，只在于他有多少重要价值。生活是现实的，竞争是残酷的，没有人会同情一无是处的人。

其实，我们读书、考研、读博、留学，无一不是在增加自己的重要性，你能创造多少个人的重要性，将决定你将来的位置有多高。这是一种很自然的现象，生活如此，交友如此，职场亦是如此。

所以，无论现在你是春风得意，还是人在囧途，都必须清醒地认识到——你之所以还能在这个充满竞争的世界上占有一席之位，是因为你今天还具有一定的重要性！但如果你不能不断地提升这种价值，终有一天你会变得一文不值！

做好小事，才能成就大业

我们每个人所做的工作，都是由一件件小事组成的，但我们不能因此而忽视工作中的小事。综观所有的成功者，他们与我们都做着同样简单的小事，唯一的区别就是，他们从不认为自己所做的事是简单的小事。其实，无论大事小事，关键在于你的选择，只要选择对了，你的小事也就成了大事。

希尔顿饭店的创始人、世界旅馆业之王康·尼·希尔顿就是一个非常注重小事的人。他经常这样要求他的员工："大家牢记，万万不可把我们心里的愁云摆在脸上！无论我们饭店遭到何等的困难，希尔顿服务员脸上的微笑永远是顾客的阳光。"

正是这小小的微笑，让希尔顿饭店获得了极佳的声誉。

没有哪一件工作是没有意义的，每一件小事都有自己的意义。

饭店的服务员每天的工作就是对顾客微笑、打扫房间、整理床单等小事；快递员每天的工作就是送递邮件。他们是否对此感到厌倦、毫无意义而提不起精神？

但是，这就是你的工作，你必须做好它。

一位年轻的女工进入一家毛织厂以后一直从事织挂毯的工作，做了几个星期之后她再也不愿意干这种无聊的工作了。

她去向主管辞职，无奈地叹气道："这种事情太无聊了，一会儿要我打结，一会儿又要把线剪断，这种事完全没有意义，真是在浪费时间。"

主管意味深长地说："其实，你的工作非常有意义，其实你织出的很小的一部分是非常重要的一部分。"

然后主管带着她走到仓库里的挂毯面前，年轻的女工呆住了。

原来，她编织的是一幅美丽的《百鸟朝凤图》，她所织出的那一部分正是凤凰展开的美丽的羽毛。她没想到，在她看来没有意义的工作竟然这么伟大。

可见，工作并无小事，每一件小事都可以算是大事，要想把每一件事做到完美，就必须固守自己的本分和岗位，付出自己的热情和努力。这就是做出了最好的贡献。

职业道德要求我们每一个员工对待小事要像对待大事一样认真。许多小事并不小，那种认为小事可以被忽略、置之不理的想法，只会导致工作不完美。

美国标准石油公司曾经有一位小职员叫阿基勃特。他在出差住旅馆的时候，总是在自己签名的下方，写上"每桶4美元的标准石油"字样，在书信及收据上也不例外，签了名，就一定写上那几个字。他因此被同事叫作"每桶4美元"，而他的真名倒没有人叫了。

公司董事长洛克菲勒知道这件事后说："竟有如此努力宣扬公司声誉的职员，我要见见他。"于是，洛克菲勒邀请阿基勃特共进晚餐。

| 第十章　职业修炼：提升竞争优势，才能更进一步 |

后来，洛克菲勒卸任，阿基勃特成了第二任董事长。

也许，在我们大多数人的眼中，阿基勃特签名的时候署上"每桶4美元的标准石油"，这是小事一件，甚至有人会嘲笑他。

可是这件小事阿基勃特却做了，并坚持把这件小事做到了极致。那些嘲笑他的人中，肯定有不少人才华、能力在他之上，可是最后，他却成了董事长。

可见，任何人在取得成就之前，都需要花费很多的时间去努力，不断做好各种小事，才会达到既定的目标。

一个人的成功，有时纯属偶然，可是，谁又敢说，那不是一种必然呢？

恰科是法国银行大王，每当他向年轻人谈论起自己的过去时，他的经历常会唤起闻者深深的思索。人们在羡慕他的机遇的同时，也感受到了一个银行家身上散发出来的特质。

还在读书期间，恰科就有志于在银行界谋职。一开始，他就去一家最好的银行求职。一个毛头小伙子的到来，对这家银行的官员来说太不起眼了，恰科的求职接二连三地碰壁。后来，他又去了其他银行，结果也是令人沮丧。但恰科要在银行里谋职的决心一点儿也没受到影响。他一如既往地向银行求职。有一天，恰科再一次来到那家最好的银行，"不知天高地厚"地直接找到了董事长，希望董事长能雇用他。然而，他与董事长一见面，就被拒绝了。对恰科来说，这已是第52次遭到拒绝了。当恰科失魂落魄地走出银行时，看见银行大门前的地面上有一根大头针，他弯腰把大头针拾了起来，以免伤人。

回到家里，恰科仰卧在床上，望着天花板直发愣，心想命运为何对他如此不公平，连让他试一试的机会也没给，在沮丧和忧

- 219 -

伤中，他睡着了。第二天，恰科又准备出门求职，在关门的一瞬间，他看见信箱里有一封信，拆开一看，恰科欣喜若狂，甚至有些怀疑这是否在做梦，他手里的那张纸是银行的录用通知。

原来，昨天就在恰科蹲下身子去拾大头针时，被董事长看见了。董事长认为如此精细谨慎的人，很适合当银行职员，所以，改变主意决定雇用他。正因为恰科是一个对一根针也不会粗心大意的人，因此他才得以在法国银行界平步青云，终于有了功成名就的一天。

于细处可见不凡，于瞬间可见永恒，于滴水可见太阳，于小草可见春天。上面说的都是一些"举手之劳"的事情，但不一定人人都乐于做这些小事，或者有人偶尔为之却不能持之以恒。可见，"举手之劳"中足以折射出人的崇高与卑微。

一个能够成就大业的人，一定具备一种脚踏实地的做事态度及非凡的耐心及韧性。正是他们对小事情的处理方式，为他们成就大业打下了一个良好的基础。因此古人说，"勿以善小而不为"，选择小事同样可以成就大业。

第十一章 个性保留：
你的人生不必追随别人的轨迹

  有多少人曾想过改变自己，以追逐想要的一切，到头来才发现，自己做了一个邯郸学步的寿陵少年，不仅没有得到自己想要的，还丢了自己最初拥有的。那么，当初为什么就不能尊重自己的本性，做那个最真的自己？要知道，你的人生不必追随别人的轨迹。

活在真实的世界里

生活中，总有些人喜欢把自己伪装起来，让人见不到真面目，这种人其实活得很累。所以我们要做真实的自己，首先就要去掉伪装，让人见到你的本来面目。

然而有些人可能习惯了戴着面具生活，他们煞费苦心地掩盖自己的某些不足和缺陷、身世和背景，或是将自己置身于一个虚幻的境界之中，这是非常无知和自卑的。这些人企图以一个十全十美、无所不能的形象出现在别人面前，以此来博得大家的爱戴和尊敬，殊不知，这样做是徒劳无益的，到头来反而还会使自己落到非常尴尬的境地。因为假的、虚的东西，总是非常短命的，就像烟雾再浓密总会散去、彩虹再美总是短暂、海市蜃楼再壮观总会消失一样，虚伪就如同大雪覆盖下的荒原，春天到来，冰雪融化，贫瘠、荒凉的面貌就会暴露无遗。

曾看到这样一个故事，很值得我们深思：

有一个女子，出身一个平常的家庭，做一份平常的工作，嫁了一个平常的丈夫，有一个平常的家，总之，她十分平常。

忽然有一天，报纸大张旗鼓地招聘一名特型演员，演王妃。

她的一位朋友好心替她寄去一张应聘照片，没想到，这个平常女子从此开始了她的"王妃"生涯。

太艰难了，她阅读了大量的关于王妃的书，她细心揣摩王妃

第十一章　个性保留：你的人生不必追随别人的轨迹

的每一缕心事，她一再地重复王妃的一颦一笑、一言一行……

不像，不像，这不像，那也……导演、摄影师无比挑剔，一次又一次让她重来……

现在，这个女子已能驾轻就熟地扮演"王妃"了，进入角色已无须费多少时间。糟糕的是，现在她想要回复到那个平常的自己却非常困难，有时要整整折腾一个晚上。每天早晨醒来，她必须一再提醒自己"我是××"，以防止毫无理由地对人颐指气使；在与善良的丈夫和活泼的女儿相处时，她必须一再地告诉自己"我是××"，以避免莫名其妙地对他们喜怒无常。

这个女子深有感触地对人说："一个享受过优厚待遇和至高尊崇的人，回复平常实在太难了。"

说这话时，她仍然像个"王妃"。

所谓假作真时真亦假，许多人都是这样被"戏装"异化了，以至于曲终人散后，还卸不下妆来，也找不到自己。蓦然回首，那些希冀着的，仍需希冀，那些渴盼着的，仍需渴盼。唯独改变了的是自己的本性。扪心自问："我是否在意过自己最真实的内心世界？尊重过自己的本性？"心真的会告诉我们那个最真实的答案。

在现实生活中，有多少人为了在别人面前显耀他的本事，而故意装出一种全知全能架势；为了在别人面前摆阔，而故意一掷千金。不知他们在潇洒一通过后是否感受到一种空虚，一种深深的无聊。

人，活着不是装给别人看的，不是为别人的观念而活着的。每个人都有每个人的活法，为什么要让别人肯定，自己心里才会舒服呢？莫不如活得真实一些，也许我们身上穿的不是金缕玉衣，戴的不是翡翠玉石，但我们的内心深处，同样可以拥有一种坦然，一种摆脱一切伪装的自在。这就是要我们活得真实一些，去面对现实，面对理想与现实之间的差距，只有这样，我们才会稳下心来，为自己的理想与生活去打拼；只有这样，才能展现出我们自己真正的实力；只有这样，我们的腰杆才能直直地挺起；只有这样，我们才不会在朋友面前谈到自己时，心里发虚。

所以活得真实一些吧，活得真实一些，我们就能坦荡无悔地走过此生。

不做别人意见的傀儡

听取和尊重别人的意见固然重要，但无论何时千万不要人云亦云，做别人意见的傀儡，否则你不但会在左右摇摆不知所谓中身心疲惫，失去许多可贵的成功机会，有时还会失去自己。做自己认为对的事，成自己想成的人，无论成败与否，你都会获得一种无与伦比的成就感和自我归属感。正如但丁的那句豪言："走自己的路，让别人说去吧！"

没有自我的生活是苦不堪言的，没有自我的人生是索然无味的，丧失自我是悲哀的。要想拥有美好的生活，自己必须自强自立，拥有良好的生存能力。没有生存能力又缺乏自信的人，肯定没有自我。一个人若失去自我，就没有做人的尊严，就不能获得别人的尊重。

活着应该是为了充实自己，而不是为了迎合别人的旨意。没

第十一章　个性保留：你的人生不必追随别人的轨迹

有自我的人，总是考虑别人的看法，这是在为别人而活着，所以活得很累。有些人觉得：老实巴交，会吃亏，被人轻视；表现出众，又引来责怪，遭受压制；甘愿瞎混，实在活得没劲；有所追求吧，每走一步都要加倍小心。家庭之间、同事之间、上下级之间、新老之间、男女之间……天晓得怎么会生出那么多是是非非。如果你的听觉、视觉尚未失灵，再有意无意地卷入某种旋涡，那你的大脑很快就会塞满乱七八糟的东西，弄得你头昏眼花、心乱如麻，岂能不累呢？

从前，有一个士兵当上了军官，心里甚是欢喜。每当行军时，他总喜欢走在队伍的后面。

一次在行军过程中，他的敌人取笑他说："你们看，他哪儿像一个军官，倒像一个放牧的。"

军官听后，便走在了队伍的中间，他的敌人又讥讽他说："你们看，他哪儿像个军官，简直是一个十足的胆小鬼，躲到队伍中间去了。"

军官听后，又走到了队伍的最前面，他的敌人又挖苦他说："你们瞧，他带兵打仗还没打过一个胜仗，就高傲地走在队伍的最前边，真不害臊！"军官听后，心想：如果什么事都得听别人的话，自己连走路都不会了。从那以后，他想怎么走就怎么走了。

人要是没了自己的主见，经不起别人的议论，那么就会一事无成，最后都不知该怎么办。我们若想活得不累，活得痛快、潇洒，只有一个切实可行的办法，就是改变自己，主宰自己，不再相信"人言可畏"。

我们每个人绝无可能孤立地生活在这个世界上，几乎所有的

知识和信息都要来自别人的教育和环境的影响，但你怎样接受、理解和加工、组合，是属于你个人的事情，这一切都要独立自主地去看待、去选择。谁是最高仲裁者？不是别人，而是你自己！歌德说："每个人都应该坚持走为自己开辟的道路，不被流言所吓倒，不受他人的观点所牵制。"让人人都对自己满意，这是个不切实际、应当放弃的期望。

　　我们周围的世界是错综复杂的，我们所面对的人和事总是多方面、多角度、多层次的。我们每个人都生活在自己所感知的经验现实中，别人对你的反映大多有其一定的原因和道理，但不可能完全反映你的本来面目和完整形象。别人对你的反映或许是多棱镜，甚至有可能是让你扭曲变形的哈哈镜，你怎么能期望让人人都满意呢？

　　如果你期望人人都对你看着顺眼、感到满意，你必然会要求自己面面俱到。不论你怎么认真努力，去尽量适应他人，能做得完美无缺，让人人都满意吗？显然不可能！这种不切合实际的期望，只会让你背上一个沉重的包袱，顾虑重重，活得太累。

　　一位画家想画出一幅人人见了都喜欢的画。画毕，他拿到市场去展出。画旁放一支笔，并附上说明：每一位观赏者，如果认为此画有欠佳之笔，均可在画中涂上记号。晚上，画家取回画，发现整个画面都涂满了记号——没有一处不被指责。画家十分不快，对这次尝试深感失望，他决定换一种方法去试试。画家又摹了一张同样的画拿到市场上展出。可这次，他要求观赏者将其最为欣赏的妙笔标上记号。当画家再取回画时，画面又被涂遍了记号，一切曾被指责的笔画，如今却都换上了赞美的标记。

| 第十一章 个性保留：你的人生不必追随别人的轨迹 |

我们无法改变别人的看法，能改变的仅是我们自己。每个人都有每个人的想法，每个人都有每个人的看法，不可能强求统一。我们应该把主要精力放在踏踏实实做人上、兢兢业业做事上、刻苦学习上。改变别人的看法总是艰难的，改变自己总是容易的。

有时自己改变了，也能恰当地改变别人的看法。光在乎别人随意的评价，自己不努力自强，人生就会苦海无边。别人公正的看法，应当作为我们的参考，以利修身养性；别人不公正的看法，不要把它放在心上，记住，你有选择自己生活的权利，你应该成为自己命运的主宰。

别活在别人的价值观里

也许，你在工作上是一个全身心投入的人，而且几乎是到了鞠躬尽瘁的地步。主管交给你的任务，你从来不打马虎眼，要求你额外超时加班，你也毫无怨言。同事拜托你的事，不管是不是你分内的职责，你总是不忍拒绝。其实，你早已忙得分身乏术，焦头烂额，但你还是强打精神说："没事！没事！"没有人知道你累得半死，但是，你就是不愿开口对人说"不"！

大多数的时候，我们是碍于情面而不敢说"不"，或者因为不好意思说"不"，结果很多原本明明不该是自己的事，统统落在自己头上。要不就是所做的事大大超过自己的能力负荷，让自己面临崩溃的边缘。

做老板的都喜欢全力拼搏的员工,但你可知道,如果你一心讲究牺牲奉献,处处想讨好别人,做一般人心目中的模范员工,最后你可能会丧失自我。

最明显的现象莫过于,你总是强迫自己做一些你并不想做的事,即使有不满的情绪,你也强忍去做。你认为别人把这些事情交给你做,是因为看得起你,信任你的能力。如果你一旦拒绝,别人就会怪罪你,批评你不善于与人合作,使你产生一种罪恶感。总而言之,你不希望你的印象被别人大打折扣。

在一个团体中,这种"讨好"的心理是可以理解的。行为心理学家称这种举动为"寄生依赖者"——企图凭借外在的人和事来提升自我的价值。然而,行为心理专家发现,绝大多数寄生依赖者都不快乐,他们内心很容易焦虑。这种人往往过度依赖别人的期望,活在别人的价值观里,渴求别人赞美来寻求自己的定位。如果不能得到好评,他们就会自责,怀疑自己是不是出了什么差错?根据分析,很多"工作狂"都是寄生依赖者。他们每天工作动辄超过十几个小时,就连节假日也不放过,他们兢兢业业,牺牲了个人的休闲以及与家人相处的时间。在他们全心全力投入工作之际,却日渐疏离了与家人的关系。这种过度依存于工作的工作狂,就像是沉迷于赌博或宗教信仰一样,行为完全被控制。

对工作狂而言,一旦不必工作,拥有了自由,就好像是遭人遗弃。所以,任何事他都想一手包办,那样可以让他觉得被人爱戴,代表自己是不可或缺的。你劝他:"何必那么累?有些事可以交给别人做嘛!"他会用更坚定的语气回答你:"我不做不行!除了我,还有谁能做?"表面看来,工作虽然是束缚,捆绑他动弹不得,其实反而让他觉得安慰,令他产生被人关心、被人需要的满足。因为他相信,当他工作卖力的时候,别人才会注意到他

第十一章 个性保留：你的人生不必追随别人的轨迹

的一言一行。

还有的人，则是缺乏自信，担心拒绝别人，好像就表示自己太懒惰，太不通情理，会遭受责骂。他们害怕别人的权威，为了博取好感，维持与别人的关系，即使是无理的要求，也只得点头说"好"。

心理专家同时指出，比较起来，女性似乎比男性更容易成为寄生依赖者。因为女性从小就被教导要"服从""听话""温顺"，当别人有所要求时，"拒绝"是一种不礼貌的行为。因此，很多女性长大以后，周旋在丈夫、儿女、公婆、老板之中，她们极力扮演好各种角色，处处讨好别人，一旦她们发现自己力不从心，就会陷入极度沮丧的情绪中。

事实上，我们常常过度在乎自己对别人的重要性。我们常常听到调侃别人的一句话："没有你，地球照样在转动。"这句话的意思是说，没有什么人是不能被取代的。如果你把每一件事都看成是你的责任，妄想完成每一件事，这根本是在自找苦吃。你真正该尽的责任是，对你自己负责，而不是对别人负责。你首先应该认清自己的需求，重新排列价值观的优先顺序，确定究竟哪些对你才是真正重要的。把自己摆在第一位，这绝不是自私，而是表明你对自己的认同。

你虽然赞成这种说法，可是你觉得还是有些为难，你不知道该如何开口说"不"。真有那么困难吗？其实那是我们人生的本能。心理学家说，人类所学的第一个抽象概念就是用"摇头"来表示"不"，譬如，1岁多的幼儿就会用摇头来拒绝大人的要求或者命令，这个象征性的动作，就是"自我"概念的起步。

"不"固然代表"拒绝"，但也代表"选择"，一个人通过不断地选择来形成自我，界定自己。因此，当你说"不"的时候，就等于说"是"，你是一个不想成为什么样子的人。

勇敢说"不",这并不一定会给你带来麻烦,反而是替你减轻压力。如果你现在不愿说"不",继续积压你的不快,有一天忍耐到了极限,你失控地大吼:"不",面对难以收拾的残局,别人可能会转过头来不谅解地问你:"你为什么不早说?"

如果你想活得自在一点,有时候,你可以勇敢地站出来说"不"。记住,你不必内疚,因为那是你的基本权利。

何必一味讨好别人

要想让自己被别人喜欢,就要培养些自己喜欢的特质,只为了这些特质本身和你自己而培养,千万不要为了留给别人深刻的印象而培养。这些特质对你是相当珍贵的,如果你真的希望某个人做你的朋友的话,他就应该喜欢你的这些特质,诸如相貌、魅力、才能和影响力等,这些东西本身没有好坏之分,除非你懂得怎么驾驭它,别人可能会喜欢你,也可能会讨厌你——完全看你如何驾驭这些资产。在现实中,不是有很多并不美丽出众、也不富有的人,但他们却比别人拥有更多的亲密朋友吗?关键是他们拥有让自己喜欢的特质。

1. 学会如何自处。

如果你能享受独处的快乐,那么你找朋友的动机将完全出自于真心,而非软弱。你打电话给朋友约他吃饭,只因为你想看他,而不是因为你无法忍受一个人单独吃饭。你的朋友会觉得你真心地喜欢他,看重他,而不是只想依赖他。对那些想找个真心朋友，而不只是找个比他更脆弱的朋友的人而言，你将变得更可爱。

2. 培养欣赏他人个别差异的能力。

要讨好别人，得先学会怎么讨别人的好。不同的人，就有不同的特点足以让人尊重和钦佩。因此，你必须找出每个人独特的地方并且欣赏它。我们常常习惯把人分类：30岁的、50岁的，工人、干部、男人、女人等，而且认为只有少数人是和自己同一类的，这样一方面限制了你和其他类型的人相处，另一方面不能让自己面对一个人真正的面目，而让人觉得你喜欢的是这个人所属的类别，而并非喜欢他本人。所以不要让你的朋友觉得你把他纳入了某个类别。不要把人分类，不要给他们贴上"出众的""平凡的""和我们同一类的"或"和我们不同类的"标记。

3. 培养享乐的能力。

如何使自己得到更多乐趣呢？应尽量让自己参与周围发生的事情。如果你一直当个旁观者的话，你会觉得自己并不重要，周围发生的事情也不重要。我们要不断地寻找愉快的经验，期待它们的发生，如果真的发生的话，就好好庆祝一番，并常常重温这种经验，不断增强愉快的感觉，对可能发生快乐的事情，千万不要踌躇不前。

4. 对你重要的事情，如果你和别人持相反的意见，就准备面对他们。

毫无主见，唯唯诺诺是不被人喜欢的特质。在关键时候，要勇于表明自己的观点与主张，这样你不仅能更了解自己的目的，也让别人知道你坚强的信念和强烈的感受。

5. 培养"同情"别人感受的能力。

"同情"别人的感受，就是把自己放在别人的位置，去体验他在某个特殊情况下的感觉,即所谓"设身处地"之意。譬如,你记得你的亲人生病时自己那种无助的感觉,你就会体会你朋友的家人正在医院手术时他焦虑不安的感受,并且会自然地关怀体贴他,尽力帮助他。这不仅使你的朋友得到安慰,也使你的生活更丰富,和别人的生活更有密切的关系,也将使你更可爱。

6. 学习支援你的朋友。

叔本华说:"每个人都懂得同情别人的悲伤,但只有天使才会分享别人的快乐。"尽量让自己拥有这种天使的特质。为什么很多人看到别人成功的时候,无法和他一起分享快乐呢?是因为你的忌妒与恐惧作怪,它使你更缺乏信心和安全感,时刻担心自己不如别人那么"好",或害怕他会抛弃你,你越将这种恐惧表现在行动中,就会不仅不被别人称赞,还有意无意地轻视或破坏朋友的努力,就会使自己的前途越来越淡,人际关系也越来越差。

7. 最后谨记:你是由自己创造的,所以你可以把自己塑造成理想的自我。

你是自己生活背后的推动力,别人也是他自己生活背后的推动力。你不必把自己看成牺牲品,也不用把别人看成牺牲品,你享有同样多的自我创造能力,这种力量将使你和别人同样可敬。

要得到别人的喜欢,你必须培养自己的特质,但你必须确定自己不是只有和喜欢的人在一起的时候才这样做,而是不管你碰到谁,都采取这一种方式。

不要用讨好别人的方式使别人喜欢你,尝试讨好自己,以行动维护和增强你所相信的价值,你将感觉到别人喜欢你——因为你做了正确的事情。

第十一章　个性保留：你的人生不必追随别人的轨迹

比方说，你非常重视对朋友的真诚，你原来答应帮一个朋友搬家的，但后来又有一个朋友请你赴宴，如果你答应赴宴的话，即使玩得很愉快，也会觉得自己不再像以前那样受自己尊敬。如果你婉拒他的邀请，你将更尊敬自己，觉得自己更可爱，并觉得自己赢得了别人的喜欢。

单是被别人喜欢还不够。要讨别人喜欢，正确的方法是靠你做一些"吸引人"的事情，这些事情对你来说非常自然，也极富吸引力，否则不管别人怎么喜欢你，你也无法获得温暖，我们不应该有那种事事讨好别人的心理，我们应该学会对自己好一点，因为你是为自己而活。

勿让别人的话，打乱你的心

我们说人要有主见，并不是说要我行我素，刚愎自用，听不进别人的意见，错了也不接受批评。而是在于坚持真理，坚持自我，只要自己认为是对的，就不去理会外人的评价，"走自己的路，让别人去说吧"。

有个笑话，说是有父子两人，去集市上买了一头驴，牵着回家。路上行人看见了，笑道："这爷俩，有驴不骑偏要走路，真是笨到家了。"父子听了觉得有理，于是父亲上驴，儿子在下面跟着。

"真是的，这当爹的也太狠心了，竟然让一个小孩子走路，

自己却舒服地骑驴。"父亲听了赶忙下来,让儿子骑驴,自己走路。走了一阵,又有人议论:"哪有这等不孝顺的儿子,怎么忍心让自己上了年岁的老爷子受累,真是不像话!"父亲听了又觉得这样很不应该,但又怕人说闲话,于是两个人都骑了上去。一头驴驮两个人,把驴累得呼呼地直喘粗气,有人看见了,说:"你们两个再这样下去要把驴累死啊。"两人又下来,这下可为难了,骑也不是,不骑也不是,一个人骑不是,两人骑还不是。爷俩一合计,把驴的腿用绳子捆起来,找了根扁担穿上绳子,两人一前一后,把驴抬着走。不知如何是好,干脆就这样抬下去吧。走到了一座独木桥上,驴被捆得四蹄酸疼,实在受不了,挣扎起来。"扑通"一声,两个人连同驴子一起掉到了河里……

这件事固然让人觉得好笑,但笑过之后想一想,我们自己是不是也经常有被人误导、不知所措、拿不定主意、不知该听谁言、随风摇摆的时候呢?这其实很正常,再果断的人都难免在一些事上踌躇不决。但若凡事没有主见,人云亦云,就会失去自我,变成一个混在人堆里的平庸之辈。

人们都是以自己的主观想法来评价别人,而事情的对与错,成与败,还是留给时间来检验吧。

许多人找工作的时候,总是被各种外来的意见所困扰,不知道该如何选择。

小娜是一名应届毕业生,学的是计算机专业,但她也十分喜欢文学。她去人才市场找工作,面对许多用人单位开出的条件,始终拿不定主意。家里人希望她找一个收入稳定、不太辛苦的工作,而且不要离家太远。可与她专业对口的IT公司大都在北京、深圳,而

| 第十一章　个性保留：你的人生不必追随别人的轨迹 |

且工作都很辛苦，她不想违背父母的意愿；有一个学校招聘计算机老师，她想去试试，但那个学校提出要有一年的试用期，她觉得太长；还有人介绍她到一个小杂志社去当专栏编辑，而她的一个开店的朋友又劝她这年头靠稿费挣不了几个钱，不如和她合伙去做生意……她在不停地犹豫，迟迟作不了决定，最后那些工作机会都被别人抢走了，她还是不知道自己的未来在哪里。

有时候越想周全就越难周全。想把方方面面都照顾到，谁也不得罪，皆大欢喜是不太可能的。即便是再好的事也会有反对的声音，你不可能指望所有的人都同意你。你再怎么努力去迎合、迁就别人，也会有人对你指指点点，说三道四。既然被批评、被议论是避免不了的，为什么不按照自己想好的去做呢？

其实很多时候我们事业无成，内心焦虑，恰恰就是因为我们习惯于受到他人影响，无论对错，所做一切只是为了让人家满意，结果别人满意了，我们却失意并焦虑了。其实我们做人应该有这样一种魄力——"走自己的路，让别人去说吧！"别让任何人扰乱我们的心，阻挠我们前进的步伐。

但事实上，这的确有一定困难，如果今天文明的压力令你感到难过，那么你是摆脱不了这种压力的——至少在一个人口稠密的国家里是办不到的。但是我们不要因此而感到绝望，因为这并不表示你自己的"疆界"就已经宣告结束，你也用不着把你的疆界缩小。在你心中，也许有些力量正在你内心深处冬眠，等着你在适当的机会发掘及培养。通过这种培养，你可以让自己走到更远的地方。我们应该这样：

1. 努力培养自己的特点。

在这个世界上，没有两个人是完全相同的。如果你想发展自

己的特点，只有靠自己。在这个世界里，"复印本"的人多了，你应该去做自己的"正本"。这并不表示你一定要标新立异，并不是说你一定要留胡子，或站到肥皂盒木箱上发表演讲。

人们很喜欢艾森豪威尔将军的原因之一在于，他是个很单纯的人，绝不矫揉造作。虽然他是世界著名的军事将领，却比普通人更谦虚。他的陆军部属马帝·史耐德在《我的朋友艾克》一书中，提到第二次世界大战结束之后，艾森豪威尔将军去他所开设的餐厅拜访时的情形："艾森豪威尔将军从欧洲回国之后，来到餐馆用餐。我们一起进餐，我告诉他我很希望看到他成为美国总统，并且已经向很多人谈到这件事。他听了之后哈哈大笑。他说：'听我说，马帝，我是军人，我只想安安分分当一名军人。'我说：'将军，我从来没想过要当一名军人，但他们却征召我去当兵。我想到时候，他们也会征召你去竞选总统。'艾克回答说：'我深信不会有这种事。'"

正是艾森豪威尔的纯真和谦虚，使得他一生都备受人们爱戴。

2. 不要人云亦云。

在某些地方，我们必须遵守团体规则。如果我们想被这个文明社会当作有用的一分子，就必须这样。但是，在其他地方却可以自由表现我们的特点，从而显得与众不同。现代生活，很容易犯的一项重大错误就是：开始就估计得过高或行动过度。有许多人之所以购买最新型的汽车，是因为他的邻居买了这样一部新车；或是为了相同的原因而搬入某种形式的新屋居住。这种现象极为普遍。

这里我们要说的是，如果你也急着向别人看齐，那你将无法获得快乐的生活，因为你所过的不是你的生活，而是某个人的生活，因此你只是你自己的一部分而已。

3. 训练使你与众不同的方法。

当你在一次社交场合发表某种意见，别人却哈哈大笑时，你是否会立刻沉默不语，退缩起来？如果真是这样，那你要把下面所说的这些话当作一顿美餐好好吸收消化，因为它们将赐给你一种神奇的力量，使你在芸芸众生中保持自己的特点。

（1）承认你有"与众不同"的权利。

我们都有这种权利，但许多人却不懂得运用。不要盲从，当你的意见与大部分人不同时，可能有人会批评你，但是一个思想成熟的人是不会因为别人皱眉就感到不安的，也不会为了争取别人的赞许而不能自已。

（2）支持你自己。

你必须成为自己最要好的朋友。你不能老是依赖他人，即使他是个大好人，他也必定首先照顾自己的利益，而且他内心也一定有些问题困扰他。只有你充分支持自己，并加强你的信心，才能使你在人群中保持独特的风格。

（3）不要害怕恶人。

几乎所有的人都能够正正当当地做事——只要你给他们公平的机会。然而还是有些所谓的"恶人"，有时会用一些不正当的手段争名夺利。这些人利用别人的自卑感，以漂亮的空话治理人群，或恫吓竞争者。你要学习应付讥笑与怒骂，坚守自己的权益，大大方方地表达自己的信仰与感觉。记住，恶人的内心深处其实也很空虚，他的攻击只是防卫性的掩护而已。

（4）想象你的成就。

有时你会觉得心情不好，或者跟某些人相处不来，觉得自己是个失败者。不要沮丧，这种情形任何人都有可能遇到。只要你想象出更快乐的时刻，使你感到更自由、更活泼，那就能够恢复信心。如果你的脑海中无法立即浮现这些情景，请你继续努力，

因为它是值得你继续努力的。

没有自我的生活是苦不堪言的，没有自我的人生是索然无味的，丧失自我更是悲哀的。要想拥有不焦虑的生活，我们必须自强自立，拥有良好的生存能力。没有生存能力又缺乏自信的人，肯定没有自我。一个人若是失去了自我，就没有了做人的尊严，更不能获得别人的尊重。

我们必须认清，人活着就是为了实现自己的价值，所以应该按照自己的意愿去活，不去迎合别人的意见。每个人都应该坚持走为自己开辟的道路，不为流言所吓倒，不受他人的观点所牵制。让人人都对自己满意，这是个不切实际、应当放弃的期望。

要知道，我们无法改变别人的看法，能改变的仅是我们自己。每个人都有每个人的想法、看法，不可能强求统一。讨好每个人是愚蠢的，也是没有必要的。我们与其把精力花在一味地去献媚别人、无时无刻地去顺从别人，还不如把主要精力放在踏踏实实做人、兢兢业业做事、刻苦学习上。改变别人不容易，按自己的意愿生活却不难。

不要盲目地随波逐流

当我放弃自己的立场，而想用别人的观点去看一件事的时候，错误便造成了。一个人，只要认为自己的立场和观点正确，就要勇于坚持下去，而不必在乎别人如何去评价。这是很重要的

| 第十一章　个性保留：你的人生不必追随别人的轨迹 |

一点，也可以说是人生成功的秘诀。不相信吗？曾有人向一位商界奇才询问成功秘诀。

"如果你知道一条很宽的河的对岸埋有金矿，你会怎么办？"商人反问他。

"当然是去开发金矿。"事实上这是大多数人都会不假思索给出的答案。

商人听后却笑了："如果是我，一定修建一座大桥，在桥头设立关卡收费。"

听者这才如梦初醒。

这就是独立的思维方式，在任何时候都有自己的主见，不从众、不盲从，没有这种守持，事业根本无从谈起。退一步说，众人观点各异，大家七嘴八舌，我们就算想听也无所适从，其实最明智的方法是把别人的话当作参考，坚持自己的观点按着自己的主张走路，一切才会处之泰然。

20世纪60年代，每个田径教练都这样指导跳高运动员：跑向横竿，头朝前跳过去。理论上讲，这样做没错，显然你要看着跑的方向，一鼓作气全力往前冲。可是有个名叫迪克·福斯贝利的小鬼，他临跳时转身搞了个花样，用反跳的方式过竿。当他快跑到横竿时，他右脚落地，侧转身180°，背朝横竿鱼跃而过。《时代》杂志上称为"历史上最反常的跳高技法"。当然大家都嘲笑他，把他的创举称为"福斯贝利之跳"。还有人提出疑问，"此种跳法在比赛中是否合法"。但令专家懊恼的是，迪克不仅照跳他的，而且还在奥运会上"如法炮制"一举获胜。而现在，这已是全世界通行的跳法。

坚持一项并不被人支持的原则，或不随便迁就一项普遍为人支持的原则，都不是一件容易的事。但是，如果一旦这样做了，你就能体现出自己的价值，甚至还会赢得别人的尊重。

我们应该改变这种状态，你的人生不应该由别人来指手画脚，我们甚至可以把自己冥想成上帝，想象由自己来设计人生和世界，会是什么样？有很多问题，别人说不可以这样，或者以目前的条件不好解决，很多人就不敢碰，但这可能就是我们生活的转折点。你需要从高处俯视你的人生领域。当然，达到这种冥想境界，非一般人可及，需要刻苦磨炼和高超的悟性。

不过，时间会让我们总结出一套属于自己的审判标准来。举例来说，我们会发现诚实是最好的行事指南，这不只因为许多人这样教导过我们，而是通过我们自己的观察、摸索和思考的结果。很幸运的是，对整个社会来说，大部分人对生活上的基本原则表示认可，否则，我们就要陷于一片混乱之中了。保持思想独立不随波逐流很难，至少不是件简单的事，有时还有危险性。为了追求安全感，人们顺应环境，最后常常变成了环境的奴隶。然而，无数事实告诉人们：人的真正自由，是在接受生活的各种挑战之后，是经过不断追求、拼搏并经历各种争议之后争取来的。

如果我们真的成熟了，便不再需要怯懦地到避难所里去顺应环境；我们不必藏在人群当中，不敢把自己的独特性表现出来；我们不必盲目顺从他人的思想，而是凡事有自己的观点与主张。我们也许可以做这样的理解："要尽可能从他人的观点来看事情，但不可因此而失去自己的观点。"

当然，能认清自己的才能，找到自己的方向，已经不容易；更不容易的是，能抗拒潮流的冲击。许多人仅仅为了某件事情时髦或流行，就跟着别人随波逐流而去。我们说，他忘了衡量自己的才干与兴趣，因此把原有的才干也付诸东流。所得只是一时的热闹，而失去了真正成功的机会。